深度学习

批判性思维与自主性探究式学习

［美］莫妮卡·R.马丁内斯（Monica R. Martinez）
丹尼斯·麦格拉思（Dennis McGrath） ◎著

唐奇 ◎译

DEEPER LEARNING

How Eight Innovative Public Schools Are
Transforming Education
in the Twenty-First Century

中国人民大学出版社
·北京·

中文版序

一场教育革命正在席卷全球，人们越来越认识到我们的教育系统是为了满足更古老的时代需求而设计的，要让年轻人为他们将要生活和工作的世界做好准备，新的学习模式至关重要。在我们当前的教育体系中，学生似乎仍在 20 世纪的学校里学习，与 21 世纪的世界完全脱节。这些年轻人是在一个即时通信、记忆外包的时代长大的，稳定工作是过去的事了——然而，他们的学校还在致力于让他们为那些已经逝去的日子做好准备。正如思想领袖汤姆·弗里德曼（Tom Friedman）、肯·罗宾逊（Ken Robinson）和托尼·瓦格纳（Tony Wagner）所警告的那样，当今的职场关心的不是你知道些什么，而是你能用你知道的东西做些什么。今天的高薪工作要求批判性思维、有效沟通和独立工作的能力。在一个创新日益成为集体努力的时代，一些所谓的"软技能"——领导能力、合作能力、适应能力，以及乐于学习和再学习的精神——至关重要。无论你在哪里工作，都是如此。因此，今天的学生需要的不是循规蹈矩、死记硬背，而是更多的指导和支持，帮助他们成为积极主动、能够将所学知识应用于不同情境的自主学习者。

随着这一新的教育愿景拥有越来越多的追随者，围绕这一共同目标，一些新名词开始涌现。在美国，有人谈到"大学与职业准备度"，有人称之为"21世纪技能"，还有人强调"认知与非认知技能"以及"高阶思维"的重要性。我们最喜欢的表达方式是"深度学习"。之所以选择这个词，是因为它完全涵盖了教育的目标。总的来说，就是要培养学生应该拥有的最重要的一项能力——学会如何去学习。在一个不断变化的世界中，知识及其应用几乎每天都有可能发生变化，再也没有比这种能力更宝贵的了。更具体地说，深度学习的过程能够让学生掌握课业内容，培养批判性思维，以及解决复杂问题、合作和有效沟通的能力，成为拥有学术心态（academic mindset）的自主学习者。这些都是深度学习的重要组成部分，其中最后一项要素，即自主性的重要性，怎么强调都不为过。那些在自己的教育生涯中成为领导者的学生，能够如愿以偿地学到靠任何家长和老师灌输都无法学会的东西。深度学习包括以下目标：

- **掌握核心课业内容**：让学生在阅读、写作、数学和科学等学科中建立自己的学术基础。理解关键的原则和程序、回忆事实、使用正确的语言，并利用他们的知识来完成新的任务。
- **批判性思维和解决问题**：让学生学会批判性、分析性和创造性地思考。知道如何寻找、评估和综合信息来构建论点，为复杂问题设计自己的解决方案。
- **合作**：学生能够合作完成工作。他们能够沟通、理解并整合多个观点，知道如何合作，以实现共同的目标作为合作的依据。
- **有效沟通**：学生能够在写作和口头演示中进行有效沟通。以有意义的方式组织信息、倾听，并给出反馈、为特定的受众构建信息。
- **自主学习**：让学生发展自主学习的能力——学习如何去学习。设定目标、监控进展，并对自己的优势和需要改进的地方进行反思。
- **学术心态**：拥有学术心态的学生对自己有很强的信心。他们相信自己的能力，相信努力会有回报，所以会坚持克服障碍。他们能够看到学业与现实世界的关联，以及自己未来的成功。

这本书基于对美国八所优秀公立学校的研究。虽然这些学校在许多方面有差异，但它们都体现了新的教育愿景，这将确保它们的学生为未来做好准备。这些学校通过推行以下六项核心策略来实现深度学习的目标。

(1) 赋权：激励学生成为学习的主宰者。

这些学校通过一系列共同的实践，把学生培养成自主学习者：对学生在学习中的角色提出新的期望，带来颠覆性的体验；通过高年级学生的示范和指导，以及信息丰富、充满仪式感的校园文化，向学生传达对学习的期望，使学生融入学校；采用一以贯之的教学方法，让学生管理复杂的项目和作业、寻求反馈、修改作品，并对他们学到的东西进行反思。

(2) 情境化：将学习经验与科目联系起来。

通过围绕中心概念和思想，有目的地设计、整合学习经验，可以促进知识和能力的获取。教师使用主题、基本问题或指导性问题来整合原本独立的课程，使其与每个科目的内容标准以及关键的深度学习目标保持一致。因此，学生们所做的每一项作业、课堂活动、实地工作和项目都有一个连贯的背景，使他们对正在学习的内容有更深层次的理解。正如一位老师所说的："每件事情都有关联，每件事情都很重要，我们一直在设法帮助他们（学生）看到其中的联系。"

(3) 力求真实：为学生的学习经验提供意义。

教师在设计课程时，将真实体验作为学习的自然组成部分，经常为学生提供这样的机会。设计真实体验可以包括以下活动：让学生有机会与不同领域的专业人士和专家互动；承担专业人员在从事研究或开发创意、产品时的角色；将历史事件与当代问题和与学生生活相关的问题联系起来。

在本书中，你会看到有学生设计手机应用程序、组织模拟选举，或者建造风力涡轮发电机；看到拥抱深度学习和探究式学习的学校，探索现实世界和复杂的情况或问题，让学生以团队合作的形式积极、有效地创造产品或者一起解决问题。从设计课程到建议、指导，再到建立关系网，教师不断地转换角色。

（4）延伸：将学习扩展到学校以外。

学校将学习扩展到学校以外，让学生能够接触到专家，为他们提供现实的学习经验和做出贡献的机会，并帮助他们建立起学习和支持的扩展网络。校长和教师作为完美的网络工作者，通过寻找当地资源，如博物馆、高等教育机构、以社区为基础的组织，以及与学校的学习理念、学生的兴趣和项目相匹配的公司，为学生寻找机会。

（5）激励：每个学生的定制化学习。

找到点燃学生热情的火花——科目、概念或者项目——是为每个学生定制学习经验的关键。为了让定制化的学习经验满足每个学生的教育需求和志向,老师应该通过正式(成绩、观察)和非正式(闲谈、家长和其他老师的看法)的途径,在每个学生的特长、环境和兴趣之间找到平衡点。

(6)联网:技术是仆人,而不是主人。

深度学习有意识地利用技术提升学习的效果,而不只是使学习自动化。利用技术的形式多种多样,包括利用电脑和手机应用程序来培养学生的研究和批判性思维能力、为设计项目提供数字化方法、在校内外进行合作和交流,以及拓宽学生创意演示和与校外专家联系的选择。在所有这些案例中,技术都被用作深化学生学习的工具。

莫妮卡·R. 马丁内斯博士
mmartinez@mmconnected.com

丹尼斯·麦格拉思
mcgrathsoc@gmail.com

序

我们的孩子，实际上也包括我们所有人，都迫切需要深度学习。今天的学校开始认识到，它们的职责是把年轻人当作这个日益复杂的世界中的复合型人才，而不是被动的信息接收者来教育。职场的变化日新月异，高水平的技能会带来更高的回报，缺乏这些技能的人则寸步难行。事实上，所有的学生都要为终身学习做好准备，他们一生中可能会跳槽很多次，跨越不同的行业，或者从事那些今天还不存在的职业。

不过，在我们的学校中，有一件事情比年轻人的就业前景更为紧要——我们的公共事务。年轻人必须为此做好准备，通过合作和协商，去解决下至家庭中的小矛盾，上至全世界最困难的经济、环境和社会问题。这种将深度知识、复杂技能和持续学习相结合的能力，正是积极参与公共事务的助燃剂。

我们还远远没有帮助那些不受重视、缺少机会的学生做好准备，有时候这种现象会产生代际传递——"美国梦"越来越只属于那些受过高等教育的人，这是我们不能接受的。要消除显著的社会不平等，高质量的全民教育不是我们需要采取的唯一步骤，但是没有它，就没有永久的解决方案。

《深度学习》以令人大开眼界的方式，有力地证明了教育系统的转型不仅可能，而且已经在全美国的一些高中和网络上发生。莫妮卡·R.马丁内斯和丹尼斯·麦格拉思深入剖析了这些学校是如何改革它们的学习环境的。他们帮助我们理解专家所谓的"深度学习"的真正含义——既包括高中的教学目标，也包括要在高中毕业后获得成功必不可少的复杂知识和社交技能。

这本书展示给读者八所高中中的创新案例，它们成功地回避了那些长期以来阻碍其他学校进步的"非此即彼"的陷阱，即学校应该致力于知识的获取，还是培养诸如解决问题和合作等交叉能力。这八所学校强调二者的融合，它们的学生不仅掌握了核心的基础知识，而且具备了将知识应用于不熟悉的新情境的能力。这些学校的实践说明了如何在保持学术严谨性的同时，鼓励更多的学生全面发展，为社会做出贡献。

高中阶段为时未晚：最近的科学研究表明，青春期是大脑发育的关键阶段，是帮助年轻人增长见识、塑造身份和个性的最佳时机。

麦格拉思、马丁内斯和XQ研究院（XQ Institute）热情、忠诚、高瞻远瞩的同事们相信，要让年轻人为进入大学和职场、适应成人生活做好准备，高水平的公立中学教育至关重要。如果我们做了正确的事，高中能够成为年轻人拥有丰富多彩人生的出发点。

对太多的学生来说，美国的公立高中远没有实现它们的承诺。美国完成高中教育的人数曾经排名世界第一，现在掉到了第14名。[①]在一些国际测试中，美国学生在阅读、科学、数学和解决问题方面落后于其他国家的学生。青少年比任何人都更加清楚，他们接受的教育没有给他们提供成年后成功发展、为社会做出贡献所需要的东西，更不用说告诉他们如何参与全世界的竞争了。在一次又一次的调查中，高中生们说："学校太无聊了。""看不出这和现实世界中我们迫切关心的问题有什么关系。""没人把我们当成大人看待，没人听我们说话。"

《深度学习》中介绍的这些学校在倾听年轻人的声音，并且做出了回应。它们勇敢地迎接挑战，让学生为他们的未来做好准备。它们提醒我们：我们的承诺是让所有的公民都能了解并参与国家的发展，无论他们来自何方。

我希望它们的故事能激发你的想象，重新设计你自己国家的高中。是时候让我们的年轻人享受他们应得的教育了。

雷斯林·阿里（Russlynn Ali）
教育活动家，XQ研究院首席执行官
2018.1.30

注释：

① 《经济合作与发展组织教育概览（2017）》（*Education at a Glance* 2017：*OECD Indicators*）.

引　言

希望：对公立教育的未来保持乐观的八个理由

什么样的教育能够培养出拥有批判性思维和创造性思维的能力，能够有效沟通与合作，而不是只会在考试中得高分的学生？大部分政策制定者和许多学校管理者对此根本一无所知。什么样的教学方式能够最有效地激励年轻人学习？他们也毫无头绪。……在关于教育问题的争论中，我们需要更多素质教育的案例。

——托尼·瓦格纳：《培养创新者：打造改变世界的年轻人》(*Creating Innovators*：*The Making of Young People Who Will Change the World*)

变化的世界中不变的学校

1968年,菲利普·W. 杰克逊(Philip W. Jackson)在关于课堂日常的研究著作中写道,学生一半的时间都花在等待上。[①]等待老师发试卷,等待跟不上进度的同学问问题,等待下课铃响去吃午饭……唉,杰克逊这本书已经出版40多年了,数百万美国学生还在等待。今天,他们的等待又多了一个新的原因:等待我们的教育系统跟上他们生活的步伐。

21世纪,社会的方方面面发生了翻天覆地的变化,但是,包括约133 000所学校的美国主要公立教育系统仍然固守20世纪初的传统模式。老师站在一排排的课桌前讲课,学生捧着沉重的书本埋头做笔记,双方都更希望学生记住课程内容,而不是学习或实践新技能。通常,学生都被训练成追随者,而不是领导者,就好像数字时代以及随之而来的巨大变革从未发生一样。直到他们走出学校的围墙,开始人生的冒险,许多人才发现他们并没有做好准备。

变革的时刻

在整个美国,数百万初中生和高中生进入20世纪的中学,与21世纪的世界完全脱节。这些"数字原生代"是在一个即时通信、记忆外包的时代长大的,稳定工作只是"老顽固"口中的传说,他们的学校却致力于让他们为那些已经逝去的日子做好准备。正如哈佛大学出身的思想领袖托尼·瓦格纳警告的那样,今天的世界不仅关心你知道什么,而且关心你用知道的东西做了什么。[②]换句话说,这个新世界要求数字时代的员工拥有数字时代的技能,包括批判性思维、合作和独立工作的能力。不过,时至今日,有意识地培养这些能力的美国中学仍然为数寥寥。

瓦格纳和其他教育专家主张,解决这一问题需要大规模改革现行中学教育。今天的学生需要的不是循规蹈矩、死记硬背,而是更多的指导和支持,以帮助他们成为积极主动、能够将所学知识应用于不同情境的自主学习者。最重要的是,他们需要做好更充分的准备,成为有参与意识的公民,在未来的大学生活和职业生涯中生存发展。

随着这种愿景不断明晰并拥有越来越多的追随者,围绕这一共同目标，一些新名词开始涌现。有人谈到"大学与职业准备度"，有人称之为"21世纪技能"，还有人使用诸如"认知与非认知技能""链接学习""高阶思维"等术语。

其中，我们最喜欢的是这种简单的表达方式——"深度学习"。选择它，不仅是因为它简洁，而且因为它完全涵盖了教育的目标。总的来说，就是要培养学生应该拥有的最重要的一项能力——学会如何去学习的能力。在一个不断变化的世界中，知识及其应用几乎每天都有可能发生变化，再也没有比这种能力更宝贵的了。

更特别的是，深度学习的过程能够让学生掌握课业内容，培养批判性思维以及解决复杂问题、合作和有效沟通的能力，成为拥有学术心态的自主学习者。③这些都是深度学习的重要组成部分，其中最后一项要素，即自主性的重要性，怎么强调都不为过。那些在自己的教育生涯中成为领导者的学生，能够如愿以偿地学会靠任何家长和老师灌输都无法学会的东西。

美国已经有大约500所学校采取了不同战略来实现这些目标。有些学校将最近几十年在学校系统中产生局部影响的观点付诸实践，包括今天所说的探究式学习和项目式学习④，另一些学校选择了历史更短的方法，比如整合前沿信息技术。

深度学习的目标主要是培养更加独立自主的思想者，让他们做好更充分的准备，去应对大学、职场和整个世界的时代需求，这种观点受到了普遍的欢迎。尽管如此，事实却证明，在一个大胆变革已经迫在眉睫的时代，这样的学校仍然只是凤毛麟角。

国家处于危机之中？

为了避免无谓的争议，有必要说明，深度学习运动是在一个无数利益相关者感到深切忧虑的时代出现的，这些利益相关者包括家长、教育工作者、法律顾问和其他人。他们认为，许多美国学校耽误了我们的年轻人，而且几十年来解决这一问题的努力在很大程度上只是让事情变得更糟。2009年，时任本宁顿学院（Bennington College）校长的伊丽莎白·科尔曼（Elizabeth Coleman）甚至指控美国的学校教给学生的是"习得性无助"[⑤]。

诚然，对学校的抱怨不是什么新鲜事。历史上既有过各种切中要害的批评，也有过拍脑袋式的改革，诸如此类的例子可以追溯到19世纪20年代。因此，有些批评家认为今天所谓的"危机"不过是危言耸听。[⑥]1983年，正当美国的高中毕业生准备创造全新的计算机和软件产业以震惊世界之际，美国优质教育委员会警告说，不达标的公共教育正在造就一个"危机中的国家"。委员会在这份灾难预言似的报告中写道:"我们曾经在商业、工业、科学和技术创新方面拥有难以撼动的优势,但是现在正在被全世界的竞争者超越。"⑦

这种恐惧推动了美国20世纪90年代的教育绩效责任运动(Accountability Movement)以及随后2001年的《不让一个孩子掉队法案》(No Child Left Behind Act),二者都旨在加强对标准化考试和薄弱学校的重视。8年后,奥巴马政府启动了斥资43.5亿美元的"力争上游计划"(Race to the Top),通过为标准化、教学质量提升、数据系统建设和薄弱学校改造提供更多支持,推动综合的教育改革。⑧

尽管有这些努力,但是2008年金融危机结束后出现的最新证据表明,美国学生的考试成绩仍然落后于其他工业化国家。最近,美国学生的"数学素养"成绩在34个国家中排名第24位,"阅读素养"成绩排名第11位。⑨2013年的一项课堂调查发现,只有38%的高中生阅读成绩达到"良及以上",只有26%的学生数学成绩及格。⑩尽管GPA在提高,SAT成绩却在下降。⑪

美国的高中毕业率曾经领先全世界,今天在工业化国家中仅排名第12位。超过四分之一的美国学生(每年超过120万人)不能在四年内从高中毕业;对于非洲裔和拉丁裔学生,这一比例高达40%。两代人以前，美国的大学毕业率在工业化国家中排名第3位。而今天，美国25～34岁人群的高等教育普及率仅为43%，在37个经济合作与发展组织（OECD）和二十国集团（G20）国家中排名第12位。2011年，美国拥有大学学历的成人（25～64岁）比同年龄段只有高中学历的成人平均收入高77%，受教育程度对日常生活的影响是显而易见的。[12]

而且，在一次又一次的调查中，美国的商业领袖抱怨大多数求职者不具备解决复杂问题、有效沟通和团队合作的能力。最近，在一项对400位雇主进行的关于工作准备程度的调研中，近半数直接雇用高中毕业生的雇主表示，这些年轻人的整体准备是"不充分的"[13]。实际上，全球化、数字化时代的经济越来越需要成熟的批判性思考者，高中毕业生的能力与经济需求之间的差距在不断拉大。正如托尼·瓦格纳指出的，这种发展说明我们的学校——即便是那些在标准化考试中取得好成绩的学校——不是失败，更多的是过时了。他写道，这给社会提出了一个"截然不同的问题，需要截然不同的解决方案"。

共同核心课程标准

这里，我们先暂停一下，花点时间澄清最近教育领域的重大变化与整体社会格局的关系。这种转变不是以联邦法律规定的形式出现的，而是伴随着共同核心课程标准*（Common Core State Standards，以下简称CCSS）的发展诞生的。这是过去几十年来最新、最彻底的改革措施。这一标准力图通过对老师和学生提出更高的要求来提高整体教育质量。今天，美国已经有45个州采纳了这一标准，覆盖近80%的中小学生。在许多州，新标准的推行激起了家长、老师和政客的强烈反对，他们担心这会使《纽约时报》所谓的"考试热"愈演愈烈⑭，还有人对变革如何落地提出了合理的质疑。例如，2010年，肯塔基州第一个采纳了新标准，而这个州长期面临普遍的农村贫困问题。老师们完全不知所措，因为"一夜之间，毕达哥拉斯定理从十年级课本跳到了八年级课本中。突然间，初中生不仅要识别第一人称视角，而且要能够解释作者为什么要使用它，以及这种决定对文章有什么样的影响"。过高的标准让学生很容易就会不及格，教育者和家长都为此感到沮丧和担忧。⑮

像往常一样，与之相关的政治局势错综复杂。茶党和其他右翼不断曲解CCSS，将其作为妖魔化奥巴马政府的武器。左

---

* 共同核心课程标准于2010年6月正式颁布，是美国首部全国统一课程标准。——译者注

翼则抱怨课程标准把老师当成靶子，是有害无益的教育改革不可或缺的主要组成部分。这些两极分化的政治主张要么过度强调关于传统考试成绩的争论，要么聚焦于过度简化甚至是错误的保守观点，在这个将提升大多数美国学生的教育质量的关键时刻，影响可谓恶劣。

CCSS代表了一种全新学习模式的历史性开端，这种模式能够反映我们生活的时代，将深度理解置于教育目标的中心。不过，正如美国教师联合会（American Federation of Teachers）主席兰迪·魏因加滕（Randi Weingarten）所说的："再好的想法也可能输给糟糕的执行。"⑮正确地执行CCSS才是关键。我们创作这本书的原因之一就是，在最近对CCSS的争议占据上风之前，通过已经做了正确的事的学校案例来说明它们是如何做到的。我们为什么一定要做正确的事？因为如果我们希望孩子们，特别是那些没有得到足够重视的孩子，为大学和职场做好准备，去迎接未来各种各样的挑战，我们就别无选择。

问题在于，怎样才是做了正确的事？我们在这本书中强调的基本原则，即自主性、合作和有效沟通的重要性，的确是现行版本CCSS的短板，但是无论如何，CCSS的设计初衷就是帮助学生培养批判性思维和解决问题的能力，并且掌握基础知识。

我们之前提到过肯塔基州。作为第一批实行CCSS的州，它能在许多方面帮助其他州避免致命的失误。每个州都有责任确保学校和老师拥有让学生达到新标准所必需的工具、资源和指导。这需要一笔不小的费用，但是必须如此。随着新标准的出炉，必须对家长和家庭进行相应的教育，告诉他们新标准是什么、为什么要采用新标准，以及它会产生什么影响。这场美国的教育改革运动不能简单地归结为把标准提高到学生达不到的程度，而是要像多年来的理论和实证研究表明的那样，让教育朝着培养有适应能力的终身学习者的方向发展。教育能够并且应该实现这一目标。

诚然，执行CCSS的挑战十分艰巨，但是我们不能把孩子和洗澡水一起倒掉。与其纠结或抱怨，倒不如让我们为整个过程的改进制定战略，团结一致，做出贡献。在执行CCSS的过程中，我们需要为学校和老师提供真实的持续的支持，提供给他们衡量学习效果的评价工具（这需要大量的精密技术），以及理解学生如何学习基本技能的优质资源。我们希望这本书成为基础教育改革的素材，通过展示正在进行的深度学习行动，让我们的国家有可能拥抱这次真正的变革机会。更高的标准只是途径之一，它表明我们作为一个国家，相信所有的年轻人都应该得到更好的教育。当然，这是一条重要的途径。

所以，茶党搞错了，进步派也搞错了。事实上，CCSS 是我们这个时代最重要的公平问题的核心。如果我们做了正确的事，致力于提供支持而不是强制推广标准，那么所有的孩子都能获得他们需要的知识和技能，而不再像过去几十年中那样，只是使教育的结果成为社会阶层的映像。我们的国家迫切需要一种方法，让每个学生都能进步，同时让我们的学校更公平。

更好的方法

20 世纪 80 年代初，在《国家处于危机之中》报告所引发风波的风口浪尖上，西奥多·R. 赛泽（Theodore R. Sizer）出版了他影响深远的著作《贺拉斯的妥协：美国高中的困境》（*Horace's Compromise: The Dilemma of the American High School*）。[12]不过，在当时的危机和报告引起的轩然大波中，这部著作中关于中学改革的许多颇有见地的观点没有成为万众瞩目的中心。就改革而言，是时候从长远考虑，以某种形式将赛泽的愿景与应对不断扩张的教育危机的努力结合起来了。

说到这里，你可能已经猜到我们选择的解决方案了。答案就是四个字——深度学习。因为我们希望学校、家长和政策制定者都能更好地理解其真正的含义，而且因为我们同意瓦格纳和教育领域其他创新者的观点，即我们都需要更深入地理解什么是好的教学质量，我们两人从2011年开始寻找践行深度学习理念的中学范例。我们希望这本书能够增强实践这些理念和原则的力度，架起通往未来的桥梁。

通过网络，我们锁定了一些以帮助学生追求深度学习目标著称的学校，无论它们是否使用这个术语。然后，我们从地理上的多元化角度出发，进一步精简这份名单，使其兼顾美国的东西海岸和中西部，以及城市和农村地区。我们也特意选择了一些主要生源为少数族裔或低收入家庭的学校，以此来说明深度学习在每一所学校形态各异，其核心价值观能够适用于各种环境，适应每所学校的具体情况。我们希望通过这些学校的案例激励读者，令他们相信自己社区的学校也能采用类似的方法，实现改革和创新，无论他们来自城市、郊区还是农村，出身于富裕、低收入还是中等收入家庭。深度学习能够而且应该为所有学生创造成功的基础，我们的目标就是展示这方面的丰富经验。特别是，在一个种族身份仍然很重要的世界中，经济仍然是学生面临的重要挑战，接下来将要讨论的这些赋权战略一定能让他们有所收获。

确定了候选名单之后，我们与每一所候选学校的校长进行了电话访谈，就每一个深度学习目标及其整合技术进行评估。

最后，我们选择了最具启发性的八所中学。为了生动呈现教育改革的真实面貌，2011—2012 年，我们两人访问了这些学校，在每所学校逗留几天时间，观察和采访老师、学生和校长。⑱

现在，全美国的老师和校长都开始采纳 CCSS，正是一个恰当的时机。正如前面提到的，这种改革已经引起了巨大的争议，不是因为 CCSS 的理想，而是围绕着老师们如何去实现它的问题。我们访问的大部分学校都已经过渡到了 CCSS。跟我们一样，它们的领导者相信深度学习原理不仅是整合新课程的最有效途径，而且能够支持每个学生的潜力发展，培养一种全新的学生：成为自己教育生涯的主宰。这样的学生在以后更高的教育阶段也能获得成功。

我们选择的学校是：

阿瓦隆中学（Avalon School）：明尼苏达州圣保罗市的特许学校，招收七到十二年级学生。

卡斯科湾高中（Casco Bay High School）和**国王中学**（King Middle School）：位于缅因州波特兰市。

高技术学校（High Tech High）：加利福尼亚州圣迭戈市特许学校联盟中的旗舰，包括两所小学、四所初中和五所高中。

艺术与技术影响力学院（Impact Academy of Arts & Technology）：加利福尼亚州海沃德市的特许高中（科学、技术、工程和数学)。

MC2 STEM 高中(MC2 STEM High School):位于俄亥俄州克利夫兰市。

罗切斯特高中(Rochester High School):唯一的地区高中,位于印第安纳州罗切斯特市。

科学领导学院(Science Leadership Academy):STEM精英高中,位于宾夕法尼亚州费城。

包括科学领导学院这所精英学校,以及阿瓦隆中学、高技术学校和艺术与技术影响力学院这三所特许学校在内,这八所学校都是公立学校。我们访问阿瓦隆中学时,32%的学生有资格享受免费或低价午餐,是八所学校中比例最低的。在其他学校,这一比例在45%到100%之间。在八所学校中的七所,少数族裔生源比例超过30%,其中四所学校这一比例超过60%。(位于印第安纳农村的罗切斯特高中是个例外,少数族裔学生只有8%,与当地的实际人口比例相符。有必要指出,近年来,罗切斯特高中有资格享受免费或低价午餐的学生人数逐年增加。我们相信,选择这一地区的代表学校是非常必要的。)

我们选择的这些学校规模略小于标准的美国中学,所有学校的学生人数均不到600人,而全美国的平均在校生人数为693人。[13]我们访问时,八所学校中最小的阿瓦隆中学只有185

名学生。不过，正如我们试图说明的，对它们有效的战略同样适用于更大规模的学校。

我们选择的学校大部分相对较新，是在过去十来年内建校或转型的。不过，其中大部分已经在一定程度上得到了公众的认可。《商业周刊》(*Business Week*)称阿瓦隆中学是明尼苏达州最好的五所高中之一。edutopia.org网站对卡斯科湾高中和MC2 STEM高中不吝溢美之词。数不清的文章和书籍津津乐道于高技术学校的创新策略和高毕业率。根据学校的数据报告，高技术学校有98%的毕业生进入大学，其中超过30%进入数学或科学领域。国王中学和卡斯科湾高中都被誉为缅因州最好的学校，登上过PBS*"新闻时间"。科学领导学院被《女性家庭期刊》(*Ladies' Home Journal*)评选为"美国最了不起的十所学校"之一。[20]

所有这些学校的共同点在于，它们重新思考了老师如何教、学生如何学的问题。在每一所学校，老师之间的合作都远超平均水平，他们互相支持，共同为学生的成功负起责任。同样，在每一所学校，基本目标都是帮助学生更多地参与学习的

---

* PBS，全称为Public Broadcasting Service，指美国公共电视网。——译者注

过程，让他们对自己的学习负责。事实证明，这些学校的方法是有效的，因为它们的毕业率和大学入学率都高于所在地区和所在州的平均水平。

我们相信，本书介绍的这八所学校可以成为范例，表明如何通过培养积极参与、善于合作、有创造性和批判性思维能力的自主学习者，让学生为今天的世界做好准备。正如我们在访问中看到的，为了实现这些目标，它们采取了这里列出的一系列常见战略。后续章节将对这些战略进行更充分的审视。

所有这些学校都做到了以下几点：

● 建立紧密合作的学习社团，与自上而下的国家标准截然不同。

● 通过让学生离开课桌、直接参与自己的教育，鼓励他们成为更有自主性和创造性、更善于合作的人。

● 通过整合科目，与现实世界建立联系，提高课程的参与度，让课程更令人难忘、更有意义。

● 将学习的理念和目标延伸到教室和学校以外，与企业、组织、研究机构、学院和综合性大学建立伙伴关系。

● 努力理解学生的天赋和兴趣，尽可能使学习个性化，发现每一个年轻人的激励点，激发学生的兴趣。

● 有意识地利用技术提升学习的效果，而不只是使学习自动化。

更进一步

再强调一次,并不是所有我们采访的老师和校长都把他们追求的结果称为深度学习。不过,所有人都认同深度学习的具体目标,包括让学生掌握核心课业内容,培养批判性思维以及解决复杂问题、合作和有效沟通的能力,以及成为拥有学术心态的自主学习者。

虽然这些深度学习原则受到广泛的支持,但是也有批评的声音。一些人认为,强调这些目标是用一种舒适、感性的伦理代替经过充分检验的课业内容、考试和严谨性。例如,2013年5月,布鲁金斯研究院(Brookings Institution)的高级研究员、这些方法最激烈的批评者汤姆·洛夫莱斯(Tom Loveless)发表了一篇博文,将深度学习与"项目式学习、探究和发现式学习、高阶思维、批判性思维、成果导向教育和21世纪技能"运动并列,称之为最新的"反知识"时尚。他认为,这些运动不仅缺乏证据来支持它们的主张,而且有可能加剧社会不平等。"代数、化学、历史、文学、写作是过去几个世纪传统教学的中心,在大多数文化中仍然占据高端地位,如果公立学校不教授这些内容,富人的孩子总有办法从其他地方去获取相关知识。"他写道，"穷人的孩子则不能。"[21]

这种观点严重误解了深度学习的方法和目的。我们介绍的八所学校，以及全美国数以百计的其他学校，绝对不是反知识的。过去的"另类"学校总是让人联想到用时髦的流行语和舒适的课堂体验代替坚实的科学和文学基础，现在则没有一所学校准备这样做。它们想要改变现行的传统教学方法，将教师的角色由著名学习专家肯·罗宾逊（Ken Robinson）爵士所说的"交付系统"转变为一种更有活力的媒介，即指导、激励、促进和鼓励学生学习技能，反过来帮助他们最有效地获取知识[22]，并成为终身学习者。了解和掌握核心课业内容是深度学习的目标之一。深度学习的追随者相信，实现这一目标需要让学生为他们自己的学习负责，为此，他们必须积极参与学习的过程。有人称之为"进步教育2.0"。你可能会觉得说起来容易做起来难，但是这恰恰说明，深度学习与两极分化的教育理念的任何一方都不相同。

支持深度学习原则的证据在持续增加。洛夫莱斯所认为的缺少的证据，最早出现在2008年的一项研究中[23]，研究对象是加利福尼亚州三所高中的700名学生，其中两所学校有大量的少数族裔和非英语母语学生，第三所学校的学生则主要来自高收入白人家庭。研究开始时，其中一所少数族裔学生较多的学校根据深度学习的指导方针重新设计了代数和地理课程，教给学生如何提出好问题、如何评价团队和他们自己。起初，这所学校九年级学生的数学成绩严重落后于其他学校，但是到学年结束时，他们的代数成绩赶了上来，再下一年，他们的成绩已经遥遥领先。到研究的第四年，采取深度学习战略的学生中有41%在学习微积分，其他两所学校这个比例则只有27%。

虽然这样的结果令人印象深刻，但是还不能充分说明我们选择的这八所学校给它们的学生和更广泛的公众提供了什么。在现代社会，事实已经越来越清楚，团队合作能够产生产品和创意、创造增长和就业，并以数不清的其他方式造福世界。这些学校正是在培养为了实现这一目标学生所需要的技能。更广义地说，这些学校的做法是通过帮助学生爱上学习，激励其个人的成长，鼓励学生在未来的大学生活和整个人生中将学习作为一种生活方式。

在接下来的章节里，你会直接听到那些让这一切成为可能的老师是怎么说的。在缅因州的波特兰，通过设计和制造小型风力发电机，格斯·古德温（Gus Goodwin）让国王中学的八年级学生对电有了发自内心的深入理解；获得全国奖励的英语教师苏珊·麦克雷（Susan McCray）带领卡斯科湾高中的学生深入荒野去探险，亲身体验阿巴拉契亚无家可归的原住民的生活；在印第安纳州的罗切斯特高中，科学教师艾米·布莱克本（Amy Blackburn）鼓励九年级学生开展"头脑风暴"，想办法提高当地医院急诊室的效率，并把他们的创意提交给了医院的护士；在俄亥俄州的克利夫兰，布莱恩·麦卡拉（Brian McCalla）为了教书，放弃了一份周游世界的工作，用他对工业设计的热情感染了 MC2 STEM 高中的学生。这些满腔热情的专业人才在一种为他们提供高度自主权、后勤保障和合作机会的文化中蓬勃发展，他们的劳动成果也是毋庸置疑的。

正如科学领导学院的校长克里斯·莱曼（Chris Lehmann）说的那样，他的学校努力帮助学生成为"更好的自己"。我们在访问中，源源不断地发现了他们成功的案例。

你可能也听说过像安德烈亚·莱恩（Andrea Lane）这样的学生。安德烈亚是数学天才，初中课程对他来说太无聊了，于是他成了课堂上的捣乱分子，但是在克利夫兰市的MC2 STEM 高中，他因为发现了对工程学的热爱而如鱼得水。在圣保罗市的阿瓦隆中学，霍利·马什（Holly Marsh）在学习生态学的过程中决定了她的职业道路。她花了 300 多个小时在一个国家公园做志愿者；在 16 岁生日的前一天，她正式受雇成为一名公园管理员。贾斯汀·埃林豪斯（Justin Ehringhaus）是缅因州波特兰市卡斯科湾高中一名性格内向的中等生，老师们鼓励他追随自己对亚洲的兴趣，这让他拥有了在日本和中国学习和生活的宝贵经历。

不容置疑的是，在每一个例子中，我们在本书中介绍的这些了不起的学校不仅帮助年轻人获得了受用终身的学习技能，而且把教育从一种责任变成了一种热情。卡斯科湾高中的毕业班学生阿卜·艾哈迈德（Abde Ahmed）在年终典礼上这样告诉他的同学和老师："一开始我恨透了这个地方，但是现在我爱上它了。"艾哈迈德是苏丹移民，他的老师们说，二年级时他总是怀疑一切，但是到了三、四年级，他开始变得充满热情。他对同学和老师是这样解释这种转变的："因为你们，我才爱上了这个地方。因为你们所有人。"全美国各种各样的社区中的学校都应该变成这样令人振奋的学习中心。

深度学习蓝图

虽然反对死记硬背，不过我们觉得，为了帮助读者更好地掌握信息，有必要在每一章的结尾提炼出几个要点。为此，这里把之前讲到的内容总结为以下四点：

● 今天，大多数学校并没有反映塑造美国社会和数字时代生活的巨大变化和全新需求。

- 深度学习对这种变化和需求做出了更加积极、更加有力的反应,为教育者和学校提供了一套框架,帮助他们迎接挑战,让学生为大学、职场和今天的世界做好准备。
- 本书展示了八所学校的深度学习案例。它们准确地帮助我们识别出学生要在 21 世纪发挥全部潜能最需要的能力,帮助来自不同背景的学生培养这些能力。
- 深度学习的关键目标之一,是让学生为他们自己的教育负责。这八所学校的老师和校长通过实践六项核心战略,使之成为可能:(1)创造有凝聚力的、真诚合作的校园环境;(2)让学生学习更积极,更强调参与;(3)让科目彼此联系,并且与现实世界中的问题联系起来;(4)让学生走出校园,与更广泛的社区合作,让学习更有意义;(5)鼓励学生发现他们的激励点;(6)让技术为支持和丰富学习经验服务。

注释:

① Philip W. Jackson, *Life in Classrooms* (New York: Holt, Rinehart & Winston, 1968).

② Thomas Friedman, "How to Get a Job," *New York Times*, May 28, 2013.

③ 这里描述的深度学习原则参考了卓越教育联盟(Alliance for Excellent Education)的表述。这个组织支持深度学习,主张建立学校网络。许多新国家教育系统成员,如大图景学习(Big Picture Learning)、联系学习(ConnectEd)、教育愿景学校(EdVisions Schools)、愿景教育(Envision Education)、远征学习(Expeditionary Learning)、高技术学校和新技术联盟(New Tech Network)等都是其成员。参见"About Deeper Learning," http://deeperlearning4all.org/about-deeper-learning。

④Tom Little, "21st Century and Progressive Education: An Intersection," *International Journal of Progressive Education* 8: 3 (2012).

⑤Elizabeth Coleman, "A Call to Reinvent Liberal Arts Education," presented at TED Talks, February 2009.

⑥*Diane Ravitch, Reign of Error: The Hoax of the Privatization Movement and the Danger to America's Public Schools* (New York: Knopf, 2013).

⑦The National Commission on Excellence in Education, "A Nation at Risk: The Imperative for Educational Reform." Washington, DC: U.S. GPO, 1983.

⑧Stacy Teicher Khadaroo, "Race to the Top Promises

New Era of Standardized Testing," *Christian Science Monitor*, September 2, 2010.

⑨Andrea Hacker and Claudia Dreifus, "Who's Minding the Schools?" *New York Times*, June 8, 2013.

⑩ "What Do We Know about the High School Class of 2013?" Child Trends, June 11, 2013.

⑪ "College Board: SAT Scores Going Down as GPAs Rise," *Here and Now*, 90.9 WBUR FM, Boston's NPR station, September 26, 2013.

⑫ "United States," *Education at a Glance 2013: OECD Indicators*, OECD Publishing, 2013.

⑬ "Are They Really Ready to Work? Employers' Perspectives on the Basic Knowledge and Applied Skills of New Entrants to the 21st Century U.S. Workforce," The Conference Board, Inc., the Partnership for 21st Century Skills, Corporate Voices for Working Families, and the Society for Human Resource Management, 2006.

⑭The Editorial Board, "The Trouble with Testing Mania," *New York Times*, July 13, 2013.

⑮ Amanda Ripley, "What Every Child Can Learn from

Kentucky," *Time*, September 30, 2013.

⑯Randi Weingarten, "Will States Fail the Common Core?" *Huffington Post*, November 2, 2013.

⑰Theodore R. Sizer, *Horace's Compromise: The Dilemma of the American High School* (New York: Houghton Mifflin, 1984).

⑱关于我们的调查和评估，补充一些细节：我们对每一所学校都进行了两次为期多日的现场访问。在现场访问中，我们观察了各个年级，采访了校领导、老师、行政人员和学生，以及合作伙伴机构的代表。我们对一些学校进行了多次回访，在现场访问之后又进行了电话采访和个人采访。我们就学校的教学任务和教学方法采访了校领导；就课程设计、教学方法、教学策略、评价方法和对学生的支持采访了老师，以期理解他们课堂活动背后的逻辑。我们还收集了关于职业发展、老师之间的合作程度、利用外部伙伴开发课程以及为学生提供实习和其他学习机会的信息。我们查看了学校的各类文档和报告，包括课程表、项目和其他课堂作业。

⑲National Center for Educational Statistics, "Table 105: Public Secondary Schools, by Grade Span, Average School Size, and State or Jurisdiction: 2009 - 10," *Digest of Educa-

tion Statistics: 2011.

⑳ Lisa Guernsey and Sonia Harmon, "America's Most Amazing Schools," *Ladies' Home Journal*, August 16, 2010.

㉑ Tom Loveless, "The Banality of Deeper Learning," Brookings, May 29, 2013, www.brookings.edu/blogs/brown-center-chalkboard/posts/2013/05/29 - deeper-cognitive-learning-loveless.

㉒Ken Robinson, "How Schools Kill Creativity" presented at TED Talks, June 2006.

㉓Jo Boaler and Megan Staples, "Creating Mathematical Futures through an Equitable Teaching Approach: The Case of Railside School," *Teachers College Record* 110 (3): 608 - 645. 另见 James W. Pellegrino and Margaret L. Hilton, eds., *Education for Life and Work: Developing Transferable Knowledge and Skills in the 21st Century* (Washington, DC: The National Academies Press, 2012)。

目　录

第一章　联系　　　　　　　　　　001
　　这所学校可能适合我　　　　　　001
　　推陈出新的社团　　　　　　　　004
　　迎新仪式　　　　　　　　　　　008
　　互联的社团　　　　　　　　　　012
　　如果墙会说话　　　　　　　　　019
　　民主、自治和灵活性　　　　　　023
　　团结力量大　　　　　　　　　　027
　　深度学习蓝图　　　　　　　　　030

第二章　赋权　　　　　　　　　　035
　　"孩子们希望这样学习"　　　　　035
　　实践出真知　　　　　　　　　　037

无聊的反义词 039

项目的优点与难点 043

为人师表 046

批判性思维 049

"学校就是修改作业的地方" 053

学生带头 055

展示与评价 059

安全网 061

深度学习蓝图 063

第三章 情境化 069

登山纪录片 070

万物皆联系 072

失落的环节 074

让问题做向导 076

"如果学校就是现实生活呢?" 080

专业学习社团、评价和高预期 084

学习是一趟旅程 088

深度学习蓝图 096

第四章 延伸 101

大开眼界 101

伙伴的力量 103

位置，位置，位置	109
受益终生的"好伙伴"	115
劳动力储备的下降	120
"伙伴"和社区能得到什么？	126
强大人际网络的艺术	131
深度学习蓝图	135
第五章　激励	**141**
投石问路	141
点燃引信	145
解开耳机线	148
拒绝千篇一律	153
"双修"课程的力量	155
从最想要的结果开始	160
深度学习蓝图	161
第六章　联网	**165**
新闻无处不在	165
现实的字节	166
预备，点击	168
研究、反思和修改的合作社团	170
走向世界	173
出发前的准备	174

错误的联网方式　　　　　　　　　　　　　　　178
　　深度学习的联网方式　　　　　　　　　　　　181
　　深度学习蓝图　　　　　　　　　　　　　　　183
第七章　投资　　　　　　　　　　　　　　　　　187
　　更美好的生活　　　　　　　　　　　　　　　187
　　不尽如人意　　　　　　　　　　　　　　　　189
　　深度学习为什么至关重要　　　　　　　　　　192

致谢　　　　　　　　　　　　　　　　　　　　195

第一章 联 系

创建学习者社团

我只有一个人。你们需要彼此关照。

——格斯·古德温，国王中学技术教育教师

这所学校可能适合我

学生们一走进明尼苏达州圣保罗市的阿瓦隆中学，就被眼前的一切惊呆了。学校坐落在郊区的一座工业园里，校舍只有一层，是红砖建造的。这里原来是一座仓库，看起来更像办公楼，而不是传统的高中校园。年轻人拥有自己的小隔间，而不是储物柜。教室由玻璃墙隔开。椅子摆成一圈圈的,而不是一排排的。

当老师开始讲话时,还有更多的惊喜。他们称自己为顾问,而不是老师,友善地把紧张的九年级新生介绍给高中二、三年级的同学们。与传统学校截然不同的是,老生似乎都非常渴望帮助新生,而不是欺负他们。

不过,对大多数新生来说,开学第一天最大的惊喜来自他们的"顾问"提出的两个完全陌生的问题:"你想学习什么?"和"你想在哪方面做得更好?"这是阿瓦隆"头脑风暴"项目的惯例。年复一年,新生们的反应都是目瞪口呆。有些人咕哝说:"我不知道!"

社会研究教师卡莉·巴肯(Carrie Bakken)说:"每次都会冷场。我觉得他们当中很少有人被问到过这样的问题,甚至可能从来就没有人被问到过。"巴肯淡褐色的直发让她看起来还像个学生。她毕业于法学院。在选修了一门青少年司法的课程之后,她发现了自己对教学的热情。她意识到,应该在孩子们触犯法律之前,就为他们提供足够的帮助。她总是从这个角度切入。

"如果没有人告诉你应该做什么,你会做什么?"她会问,"即使他们说'我想玩电子游戏',也没关系。这也是一种启动的方式。他们可以在电子游戏中做一个项目,学会如何发现优质资源,提交高质量的研究。"

我们在访问阿瓦隆中学时,观摩了正在进行的"头脑风暴"项目。学生们一旦从最初被问到想要学习什么的震惊中缓过劲来,就把清单写在黄色的便利贴上,在老师的指导下把这些便利贴在纸上,贴成长长的一串,然后粘在身旁的墙上。有些人想学一门外语,其中一个女生说她想学习手语;正如巴肯所料,有些人想玩电子游戏;有人想在学校的花园里工作;还有一个学生想知道核反应堆是如何运行的。

然后,又是新的挑战。美国史教师诺拉·惠伦(Nora Whalen)又提出了两个陌生的问题:"你擅长什么?"和"你知道什么?"

学生们再一次目瞪口呆。惠伦和巴肯告诉我们,一向如此。

"任何擅长的事情都可以说。"惠伦循循善诱地说,"不一定是上课学的东西。"她说,她自己就擅长换尿布。

这一次,学生们使用蓝色的便利贴列出各种各样的技能,比如弹吉他、画素描和说俄语。

惠伦指着墙壁,对全体学生说:"这张纸上是你们想要学习的东西。"接着,她又指向另一张纸:"这张纸上是每个人能够为团队提供的东西。你们都在便利贴上签了名,现在你们可以知道谁刚好会你想学的东西。老师无法教给你们想要学习的一切。我们不是这间教室里的专家……你们需要向彼此学习。"

在学年接下来的日子里,这两张纸会一直贴在过道的墙上,提醒学生有那么多激励他们学习的兴趣,以及同学之间可以彼此寻求支持。

再经过几轮类似的练习,"头脑风暴"项目的最后,学生们坐成一圈,每个人都在卡片上写下他们对新学校的第一印象,扔到圈子中间,然后由其他人捡起来并大声念出来。

并非所有的评价都是乐观的。"我等不及要毕业了。"其中一个人说。但是,大多数人充满希望。

"这所学校感觉太棒了。"一个学生写道。

"这所学校可能适合我。"另一个学生写道。

"今天还不像我想象的那么糟。"第三个学生写道。

推陈出新的社团

在前面提到的菲利普·W. 杰克逊关于课堂生活的著作中,他把美国的中小学比作监狱和精神病院,因为三者都要求按时出勤和服从命令。不过,在今天最具前瞻性的学校,老师们坚定不移地致力于终结这种比较,让人们看到为学习而设计的机构应该是什么样子。传统上，在学校里创建社团让人联想到运动队，或者围绕着政治和社会原因组织起来的团体。诚然，这种类型的社团有它的好处。不过，究其根本，创建学习社团，特别是真正由学习者驱动、由经验丰富的老师和其他专业人士维护的学习社团，究竟意味着什么？

阿瓦隆中学和我们介绍的其他学校坚信，让学生成长为自主、负责的学习者，并且关心其他人的学习，是深度学习的基本需求。但是，让学生为自己的学习负责是一项极具挑战性的任务，任何老师靠个人行动都不可能完成。阿瓦隆中学和其他学校生动地展示了在一种重视关系、信任和尊重的文化中，学习社团如何改变学生的生活，同时通过一种学习的集体责任制，设定更高的期望，并为满足这种期望提供支持和鼓励，激励学生坚持做到最好。许多学校在协调和平衡所有这些方面时很容易走极端。学校应该有意识地使这些要素相互滋养，不偏废任何一个方面。

在大多数学校，特别是高中，通常情况下，家长和老师比学生自己更关心他们是不是真正在学习。好几位老师告诉我们，激励一个多年来习惯了被动式教育的青少年表现出他的兴趣绝非易事，更不用说让他孜孜以求了。幸运的是，大量研究显示，学校有办法提高青少年的积极性，就从建立强有力的学习社团开始。^① 早在 1993 年，安东尼·S. 布雷克（Anthony S. Bryk）的一项研究发现，将对学业的重视与支持性的社会关系相结合，取得了显著的成就，贫困学生开始在郊区天主教学校中出现。[②] 布雷克后来成为卡耐基教学促进基金会（Carnegie Foundation for the Advancement of Teaching）的主席。正如他后来提出的，基于对芝加哥 400 所中学的一项跟踪调查，学习成绩与学生受到的信任强相关。"没有信任，学校就几乎不可能强化家长-社区纽带、培养专业能力，以及营造以学生为中心的学习气氛。"[③] 这不是说信任本身就是成功的保证，但是没有信任或信任度较低的学校不太可能取得进步。

信任对于培养学生的 21 世纪技能特别重要。这项任务要求刻苦努力和自我承诺，当学生对老师、同伴和自己有信心，并且相信他们属于同一个任务驱动的团队时，他们更容易表现出这些特质。斯坦福大学的查尔斯·E. 杜科蒙教育学教授（Charles E. Ducommun Professor of Education）琳达·达林-哈蒙德（Linda Darling-Hammond）在 PBS 的一次访谈中说："如果你想在教学中达到非常高的标准，你必须了解学生，你和他们的关系必须既能向他们提出挑战，又能因材施教。"[④]

让学生持续体会到积极的社会纽带和成年人的高期待，对教育研究者卡米尔·A. 法林顿（Camille A. Farrington）所说的学术心态的培养大有裨益。回顾2013年的几项研究,法林顿发现下列四种关键认知是学生追求深度学习目标的重要动机:"我属于这个学习社团""我能在这方面取得成功""我的能力和竞争力随着努力增长""这项工作对我来说有价值"。[5]我们看到,学校以各种各样的方式向家庭传递这些信息,老师不断鼓励学生明确他们的兴趣、提出问题、解决问题、分析、沟通、彼此合作,以及寻求资源和机会来丰富和扩展他们的学习。

在我们访问的学校,老师和校领导通过创建紧密联系、支持性的学校社团取得了骄人的成绩,学生和教育者都非常期待把这种形式的学习变成现实。学校使用的战略包括:令人耳目一新的自主性练习,比如阿瓦隆中学的"头脑风暴"项目;对信任的高度强调;非典型的客观环境;以持续、正式、明显的方式强调社团愿景和规范;教师和学生的高度自主和合作。与标准意义上的社团相比,这些战略需要更多的思考和计划,其效果也远不仅是创造令人愉快的氛围。

尽管每一个成功的学习社团形态各异,但我们访问的每一所学校都认同:学生应该与老师、其他同学建立牢固的联系,获取有意义的学习经验,这是实现真正的学术严谨的先决条件。此外,信任和以学习为中心的社团能够造就更安全、更有教益的学校，为应对长期以来由行为和纪律问题带来的挑战提供了重要的启示。营造一种氛围，巩固学生为自己和同学的学习负责的观念，是这些强有力的社团的基石，对学生和老师如何超越学校赋予他们的角色、找到自己的位置有着广泛和积极的影响。这一切与今天全美国的教室中仍然盛行的"教学"截然不同。当学校建立在"人人有责"的理念基础之上时，深度学习就发生了。

迎新仪式

在访问中，老师和校长告诉我们，为了创建强有力的自主学习社团，他们通常需要积极地影响学生的预期，让他们与过去被动的、死记硬背式的学习方法划清界限。过去的方法总是将学生置于孤立的境地，与其他学生的学习经验完全脱节。与阿瓦隆中学的"头脑风暴"项目一样，许多学校通过令人耳目一新的迎新仪式完成了这项任务。这些建立新规范的努力有一个共同特征，即高度重视在高级成员（高年级学生）和低年级学生或新生之间塑造一种师徒关系。改变老生欺负新生的古老传统的影响是巨大的。

在科学领导学院，新生在迎新周的特别暑期学校中便投入全新的项目式学习。他们被分成小组，前往费城市中心开展研究，系统地阐述问题，收集事实，观察公共图书馆、火车站和公园，然后一起演示，通过PPT、戏剧脚本等不同媒介来创造性地展示他们的发现。这个练习延续数天，新生只是偶尔从他们的新老师和被分配来指导他们的高年级成员那里得到指点。这将使新生发自内心地熟悉学校的核心价值观，包括探寻、研究、合作、展示和反馈。

在MC2 STEM高中，由在校生来计划和运行迎新项目——"激活周"。毕业班学生负责一周的第一天，二、三年级学生从第二天开始提供协助。MC2 STEM高中的英语教师菲·麦金农（Fee Mackinnon）说："我们试图让所有提供帮助的学生明白，他们是我们一切努力的重要组成部分，他们将成为九年级学生的榜样。"

老生骄傲地向新人解释学校的文化、传统和语言，他们知道新人可能会有点不知所措。有太多与新生过去的经验大相径庭的新事物，特别是MC2 STEM高中的"掌握学习"实践，学生的项目不是得到A或B或C或D的分数，而是被评定为"熟练掌握"或"掌握"或"基本掌握"或"合格"。二、三年级学生的任务是向新生解释这种新情况，他们以一张典型的成绩单作为示例，让这个过程尽可能具体。

在我们了解到的所有迎新仪式中，缅因州波特兰市卡斯科湾高中的新生"探险"特别振奋人心。在三天时间里，九年级新生和他们的老师到附近的岛上露营，一起划独木舟、远足、做饭，同时就社区的性质开展研究，学生可以自由选择从生态系统到马赛部落的不同主题。校长德里克·皮尔斯（Derek Pierce）说这种练习是帮助新生适应学校文化的重要方法，包括高度强调实地经验和期待他们取得好成绩。"我们的学生来自三所不同的初中和一些私立学校。"皮尔斯告诉我们，"每年我们都必须让所有人组成一个共同体，帮助学生做到那些他们自己认为不可能做到的事。"

卡斯科湾高中的九年级探险在一个与阿瓦隆中学的类似，但是对新生更具挑战性的迎新仪式中达到高潮。在一次全校大会上，每名新生都必须做展示，向其他学生介绍自己能够为卡斯科湾社区贡献的技能和经验。有一个环节是：两名高年级学生举着一个盒子站在教室前，每名新生用一句话写下自己打算做出的贡献，放进盒子里。

"我会打曲棍球。"一张纸条上写道。

"我心地善良。"另一张上写道。

"我的初中过得糟透了。"第三张上写道。

每名新生留下自己的纸条后，就离开教室。最后，举着盒子的两个学生向剩下的高年级学生正式提出询问：学校是否接受这班新生加入社团。

"我们接受这个盒子吗？"在最近的一次典礼上，两名毕业班学生双手举着装满纸条的盒子，大声问道。教室里爆发出欢呼声，新生们重新走进来，满脸兴奋，如释重负。

除了这次激动人心的探险，在岛上露营期间，每名九年级新生还会收到一封毕业班学生写的建议信。信的内容五花八门，包括从选课建议到更宽泛的鼓励，比如让他们支持同伴和信任老师。从岛上回来后，每名新生都要去采访毕业班的师兄或师姐，向他们讨教，然后制作一张海报，海报上要有两个人的照片和一段简短的文字，说明自己学到了什么。海报在全校的走廊张贴，时时刻刻提醒学生：在卡斯科湾高中，学习经验究竟意味着什么。

这些迎新仪式的塑造力是很强的。通过这些启蒙仪式，新生从一开始就在与老生的互动中看到自己在这所学校中将要扮演的各种角色，见证老生们是如何带头示范和互帮互助的。这些活动的目的在于，让新生发现自己是谁、自己需要什么，以及自己能够做出什么贡献。这些活动几乎立刻就打破了他们的舒适区，颠覆了他们关于学校和学习的观念。与学校社团的其他成员建立积极的关系让这种经验更加深入人心，强化了这样一种感觉：在这趟全新的教育之旅上，没有一个人是孤单的。

互联的社团

为了更好地理解在学习的问题上为什么建立信任的社团是基本要求，我们来看看卡斯科湾高中的英语教师苏珊·麦克雷是怎么说的："我们的学校之所以有人辍学，其中一个原因就是人们在这些庞大的建筑中走来走去，谁也不认识谁。没有人注意他们在还是不在。你为什么要到一个根本没有人注意你在不在的地方去呢？"

对于MC2 STEM高中的明星毕业生戴维·布恩（David Boone）来说，受到关注无疑关系重大。⑥布恩14岁那年，因为拒绝加入帮派，一伙暴徒砸毁了他的家。他和母亲及兄弟姐妹不得不分头投靠亲友。布恩当时是MC2 STEM高中的二年级学生，有时候他就在学校过夜，有时候他睡在公园的长凳上，这种情况很快引起了他的老师和MC2 STEM高中校长杰夫·麦克莱伦（Jeff McClellan）的注意。

"这个孩子样样都好。"麦克莱伦告诉我们，"他只是需要一点支持。"麦克莱伦和老师们不遗余力地帮助布恩渡过无家可归的难关，减轻这种充满压力的环境可能对他的教育和生活产生的影响。

布恩把他的经历发表在《赫芬顿邮报》(*Huffington Post*)上⑦,他对在那个可能永远改变他一生的重要关头向他伸出援手的人们充满感激——他的亲戚、朋友,以及学校里包括麦克莱伦在内的方方面面的专家。2012年秋季,布恩被20多所大学录取,最后获得全额奖学金,进入了哈佛大学。

布恩是众多从学校社团能够而且应该提供的支持网络中获益的学生之一。那些着意打造信任的社团的学校形成了良性循环,牢固的关系能够保证学生对学习的持续关注,同时劝退各种各样的消极行为,包括违反规则和校园霸凌。相比那些在联系相对松散的环境中工作的同行,这些学校的老师们花在维持秩序和行为管理上的时间通常更少,能够把更多的时间花在帮助孩子们学习上。这或许有助于解释为什么我们访问的这些学校拥有更高的成功率。最近在全美国数千名中小学生中开展的"社会-情绪学习"项目引起了轰动,它有力地证明了学生的情绪状态与学习能力之间的关系。⑧

这种趋势是有理论依据的。来看看亚伯拉罕·马斯洛著名的人类需求层次理论。在这个关于需求的金字塔模型中,人身安全需求位于底层,仅次于呼吸与食物。接下来是爱和归属感,然后是自尊和被他人尊重。马斯洛相信,只有在金字塔的顶端,所有更加基础的需要都得到满足之后,人类才有可能追求道德、创造力、自发性和掌握知识等更加抽象的目标。⑨

遗憾的是，关于校园霸凌的最新统计数据显示，大多数美国中学连最根本的基础需求都没能满足。一项全美调查发现，三分之一的美国学生在学校遭到戏弄或欺凌。研究者指出，霸凌不仅会在学生中制造焦虑和压抑⑩——即使是那些旁观者，也会受到影响，而且对学习成绩有明显的损害，会降低GPA和考试分数。⑪

最近几十年，全世界的学校尝试了许多反霸凌项目，结果都一无所获。特别是那些奉行零容忍政策、对霸凌行为严惩不贷的学校，通常只是让胆怯的学生不敢报告霸凌行为，而没能减少霸凌行为本身。不过，研究发现，通过打造强有力的学校社团、创造"社会-情绪学习"的机会，一些精心设计的项目是可以取得成效的。在一项研究中，芝加哥的科学家考察了200多个反校园霸凌项目，发现这些学校考试的平均成绩提高了11%。⑫他们指出，明确强调信任和"人人有责"的校园文化能够营造更加相互尊重的校园风气和学习环境。

我们看到，在大多数或全部学校事务中，将新生分成紧密结合的小组是一种有效的方法，能够从第一天起就在学生中营造信任感。例如，在国王中学和卡斯科湾高中，新生都要加入"班组"，在接下来三到四年里接受同一位导师的指导。"班组"

的概念是从拓展训练中借用过来的,其喻义很明显:所有学生都在同一条船上,每个人都要发挥自己的作用。"'班组'意味着拥有一个永远不会抛弃你的支持系统。"卡斯科湾高中的一名毕业班女生说,"大家有一种默契,如果你遇到了麻烦,我们所有人都会帮助你。"

近年来的研究还指出,学生与学校中的成年人的联系对学生未来的成就至关重要。[13]为了支持这种基于信任的关系,一种具体方法是设置"咨询时间"。各年级学生有专门的指导教室,学生可以在这里向同班同学和共同的老师进行非正式的咨询,这些人通常要陪伴他们度过整个学校生涯。例如,在阿瓦隆中学,咨询时间虽只有二十分钟,却是学生们非常珍视的重要仪式。该校英语教师凯文·沃德(Kevin Ward)告诉我们:"咨询是我们做过的最有影响力的事。"[13]

为了在新社团中创造信任、为养成学术心态打下坚实的基础,正如前面介绍各种创新性的迎新仪式时说过的,老师通常会让高年级学生给新生做榜样和向导。"大孩子在与新生交往中至关重要。"科学领导学院的一位项目协调员杰里米·斯普赖(Jeremy Spry)告诉我们,"他们给新生讲述自己的故事,告诉新生这是一所了不起的学校,他们在这里做的一切都非常有意义。他们还帮忙回答问题,让新生对这里是什么样子有个概念。"

在印第安纳的罗切斯特高中，十二年级学生被称为"诤友"，他们对九年级学生的论文提出批评，示范什么是有效的反馈。然后，新生就他们学到的东西进行反思，写文章说明现在他们会怎样对彼此做出有效的反馈。

大量研究指出，这种教学方法是非常有效的。20 世纪 60 年代，斯坦福大学的艾伯特·班杜拉（Albert Bandura）发表了关于"社会学习理论"的开创性研究。[15]班杜拉和他的同事详细阐述了儿童会通过观察和模仿有影响力的榜样来学习，特别是那些与他们相似的榜样。对于学校来说，重要的是，不仅要充分利用它们的知识财富和教师资源，而且要表明学习可以并且应该发生在任何时间、任何地点。高年级学生的指导是最有效的方法之一，示范了如何更加感同身受地学习。

在阿瓦隆中学，老师鼓励新生去找老生寻求建议、问问题，比如："如果你能重新当一回新生，你会做出哪些改变？"或者，"你作为新生时得到的最有用的建议是什么？"

阿瓦隆中学的创校教师之一卡莉·巴肯说，她让一个成绩很差的转学生去请教一位高年级学生。这个转学生的麻烦在于她不熟悉学校的新常规，包括做项目时要全程登录一个计算机系统。老生回忆说，三年前，他也为同一个问题向他的学长寻求过帮助,并且转述了他得到的建议:"如果你不每天登录,在你发觉之前可能就已经落后 100 小时了。"这名新生很快就取得了进步,她后来告诉巴肯:"在我原来的学校,从来没有老生帮助过我。知道自己有一个伙伴,让我超有安全感。"

阿瓦隆中学的高年级学生告诉我们,他们相信指导新生是一项荣誉,很多人热切渴望能够承担这项任务。事实上,过去这些年里,因为有太多老生自告奋勇担当导师,老师们不得不建立了一套正式的申请程序。在学年当中,老师会通过诸如冰淇淋晚会之类的活动来寻找合适的人选。

事实证明,除了在不同年龄和水平的学生当中,社会学习在同年级的学生中也是有效的。通过老师指导下的有组织的一对一反馈机制,学习相似内容的学生可以分享彼此的学习方法,促进自主学习和合作。

我们在费城的科学领导学院看到了这方面的行动。在一次单词测验后,十年级的英语教师拉里莎·帕霍莫夫(Larissa Pahomov)让得满分的学生举起手。然后,她让写错一些单词的学生跟得满分的学生交流,找出双方存在差距的原因。在交流中,他们发现了一种名叫虚拟单词卡的免费学习工具,是一个学生在网络上找到的。

对于老师来说,重要的是持续传递学生要为彼此负责、为共同的学习成绩负责的信息。在国王中学，技术教育教师格斯·古德温说明了他是如何通过一个合作项目，让一班八年级学生改头换面的。起初，这些学生不懂得礼貌地对待同学，要么嘲笑别人的评论，要么干脆不理不睬。

首先，古德温跟一些学生面谈，让其他人填写问卷，问他们什么样的行为有助于创造最好的校园环境。调查对象一再表示，他们希望快乐学习，希望其他学生尊重他们，不要打断或者批评他们的观点。古德温把这些答案写在一张6英尺*见方的大纸上，贴在教室里。

从这时候起，每个新学期开始时，古德温都给学生们一张表格，让他们就这五个目标给自己打分：尊重、责任、同情心、感兴趣的学习者，以及有效的沟通者。他还会让他们在日记中记录自己为创建学校社团做出的贡献，每学期三到四次。一条典型的记录是这样的：

> 目标：我要努力鼓励别人。
>
> 反映：有人的项目要失败了，我看到了就去帮忙，最后项目成功了。

古德温说，表格、日记和大纸上的愿望清单提供了通用语

---

* 1英尺＝0.304 8米。——译者注

言和具体目标，帮助学生为了更好地满足每个人都认可的共同期望而努力。今天，当他在课堂上指出一个学生的错误行为时，他通常会走过去说"让我们看看这张纸"，就好像表现出失望的是愿望清单，而不是他古德温一样。他站在愿望清单旁，让犯错误的学生根据列出的目标评价自己的行为，然后他会问："这是怎么回事？"

教育者扮演教练、提醒者和向导的角色，更加信任学生能够对共同的愿景和自己的行为负责，学生才是有效的学习社团的核心。这种方法平衡了青少年叛逆的力量，强调学校本质上是为了他们和学习而存在的。在赋予学生自治权方面，信任也发挥了重要的作用，巩固了这样一种理念：无论在学校内外，我们都是自己教育生涯的主人。本章后半部分将继续探讨这一话题。

古德温还反复提醒他的学生，鉴于学校非常重视合作项目，他们不仅要对自己的成绩负责，还要对他们同班同学的成绩负责。"我只有一个人。"他对他们说，"你们需要彼此关照。"

如果墙会说话

为了创造提供支持和信任的环境，除了增强学生之间的联系，物理环境传递的信息也非常重要。如果目标是建立一个致力于深度学习的彼此联系的社团，那么学生们每天的实际体验也应该传递这个信息。

例如，高技术学校联盟的主校区位于圣迭戈机场附近，是一处占地39 000平方英尺*的前美国海军工程训练中心。对400名青少年来说，这里的空间非常宽敞，挑高的天花板、充足的光线和15英尺高的玻璃幕墙都增强了开放和充满可能性的感觉，凸显了学生和老师都期待的透明度。高技术学校采用了许多深度学习学校首选的技术，摒弃了传统的一排排课桌，而选择容易移动的家具，甚至可移动的墙壁，以适应不同规模的团队。学生们立刻了解到，他们不会一整天都安静地坐着听讲，而是要积极地参与学习的过程。

类似地，在科学领导学院，老师们对原来的学校行政楼进行了重新布置，突出社团的感觉。校长克里斯·莱曼的办公室有两道门，它们永远敞开着。一道门通往门厅，另一道门通往学校行政人员的办公区。旁边是一张长桌，老师们课间经常坐在那里工作。

这种安排让老师们很容易经常碰面，谈论学生或者合作项目。学生也经常路过，有时候就坐在老师身旁问问题或者寻求

---

* 1平方英尺＝0.092 9平方米。——译者注

建议。

当然，很多传统学校会在显著位置展示学生的作品，不过我们这八所学校更进一步，因为它们的目标已经超越了展示学生的创意和优秀作品的自豪感。它们的理念是持续不断地以可视化的方式展现深度学习的期望和可能性：通过海报、照片、扬声器、电路板，甚至风力发电机模型，引起学生对这些项目的关注，让学生应该定期参与此类项目的观念和方法更加深入人心。

在高技术学校，学生作品在墙壁上、实验室里展示，甚至从天花板暴露的桁架上悬垂下来，包括一个用来说明物理原理的钉在海报上的自行车轮，还有一架敞开的钢琴——里面摆放着一份手写的音乐发声原理说明。这些做法传递出友好的信号，即学生的作品是有价值的、复杂的，老师、行政人员和同学都是盼望他们有所成就的热心观众。

这些学校还积极运用激励性信息来传播和巩固学校的价值观。在艺术与技术影响力学院的中央大厅里，一个题为"我们的学长都去哪儿了？"的展览展示了毕业生的去向。每位毕业生自己设计海报，包括照片和有关职业规划的文字说明。他们当中有未来的航天工程师、平面设计师、护士和心理学家。一旦学生得知大学的录取结果，他们就制作第二组海报，内容包括他们准备进入的大学,以及他们是家里的第一代还是第二代大学生。在走廊尽头,还有一个展览展示毕业生的录取通知书和推荐信。在学生每天去上课的路上,这些展览都会提醒他们,艺术与技术影响力学院在帮助他们的同学和他们自己为大学和职业生涯做好准备。展览不是为了炫耀,而是为了鼓励一种知性文化,并使之成为常态。在那些坚持不懈地追求升学率的学校,这种象征是一种特别有效的工具,既设立了标准,又让人看到希望。

在卡斯科湾高中,学生设计的题为"成功之路"的海报贴满了整个校园,用"解决今天的问题""独立思考,擅长合作""深入调查""批判性思维,创造性思维"等警句宣传社团的价值观。

类似地,在艺术与技术影响力学院,宣传社团目标的海报无处不在,上面写着学校的四条价值观——"尊重、安全、努力、相互支持"。墙上还写着学校致力于培育的核心竞争力——"探究、分析、研究、创造性表达",以及其他重要的领导技能,比如批判性思维、有效沟通与合作、高效管理项目的能力。老师们在介绍如何给学生打分时经常参考这些海报,学生也要定期写论文,汇报自己取得的进展。

民主、自治和灵活性

精心设计的物理环境不仅能够传播高期望，而且体现了学校的风格。事实证明，我们访问的这些学校是特别民主，或者至少是非科层化的。很少看到老师单独待在他们的办公室，或者在教师休息室里聊天。相反，科学领导学院和许多其他学校提供摆放有长桌的开放空间，老师们课间就在这里碰头，学生也可以随意找到他们。在阿瓦隆中学和其他学校，学生的课桌很少摆成一排排的，而是通常围成一圈。年轻人可以看到彼此的脸，而不是只能看到别人的后脑勺。没有人能躲在后排。这种设置隐含的理念是：教室里的每一个人都有同等的价值和重要性。

深度学习社团最与众不同的一个特点是，老师乐于赋予学生非同寻常的自治权，有时候达到让美国的其他老师闻所未闻的程度。高技术学校校长拉里·罗森斯托克（Larry Rosenstock）开玩笑地称自己为"后勤人员"，由教师运营的阿瓦隆中学则根本没有校长。在这两所学校，校长的许多传统职责通常由老师承担，比如雇用员工、编制校历、与校外公司和博物馆合作，以及处理与赞助人的关系。而且，与大多数传统学校不同，这些老师自己规划他们的职业发展、确定共同关注的问题、策划研讨会、帮助同事适应新技术。当然，这种方法需要有竞争力的高技术专业人才，还需要高度的信任和真正赋予教育者权力的意愿。在接下来的章节里，我们将进一步探讨深度学习中教师的角色。

高度信任的校园环境有许多好处。其中之一就是创造了一种学生文化，让年轻人与学校里的成年人一道，为他们自己的教育负责。这经常从细枝末节处开始，比如我们发现，大多数学校在每节课之间并不打铃——这是一个明显的信号，告诉学生他们应该而且能够对自己的日程负责。

国王中学则更进一步，像现实世界中的职场一样，每天没有固定的放学时间。学校的技术整合和教师培训协调员戴维·格兰特（David Grant）在接受采访时说：

> 大多数学校把一天分成40分钟、50分钟或者60分钟一段。如果分成80分钟一段，它们可能就觉得已经前进了一大步，但这不是我们要讨论的问题。我们要讨论的是日程……比如有一个由五六名专家组成的团队，你的老师可能会说："为了在这个特定的阶段完成这个特定的项目，为了跟孩子们共同完成这项工作，本周我们需要设计一个全新的日程。"我们就是这样做的……大多数时间里，没

有人确切地知道别人在哪儿，但是真实的工作就是这样的，我们都知道。如果我们在现实世界中工作，无论是编程、设计、剪辑影片、制作音效还是别的什么，没有人会一到40分钟就停下来，放下手边的一切去干别的。[15]

让学生和教师拥有自治权是建立安全、信任的社团的关键，而且能够创造有意义的学习所需要的开放文化。

出于同样的理由，让学生而不是老师接受采访、带来访者参观校园是一个普遍现象。MC2 STEM高中的九年级学生就被要求准备一份"电梯演讲"，向来访者介绍他们的学校。正是这些不大不小的选择，让学生知道这是要由他们创造、维护和领导的社团。向其他人介绍自己的社团，增强了学生的归属感，并且让他们感到自己的参与是有价值的。

学生还经常承担学校的其他重要任务。在科学领导学院，每次最多由40名学生组成"技术小分队"，接受特别训练，与学校的技术协调员共同维护学校的门户网站。这个团队还帮助跟踪与维护学校的笔记本电脑、记录问题，甚至订购新配件。

在高技术学校，有类似谷歌的著名的"20％时间"项目，即允许学生自由利用20％的时间，只要是对学校有益的事情，想做什么就做什么。这种方法既重视独立学习，又强调了集体利益的重要性。学生用各种各样的项目来迎接这一挑战，包括筹款为摄影项目建设一间暗室，或者开发一款引导来访者参观校园的手机应用程序。

许多学校，包括我们访问的所有学校，都有学生自治组织，与学校管理者进行正式的沟通。不过，阿瓦隆中学的体系为学生提供了难得的机会，去探索治理结构中的微妙性与复杂性。这是一种基于相互制衡的体制，包括由教师组成的"行政机构"和代表学生的"立法机构"。跟美国国会一样，学生可以提出新法案，然后交由"行政机构"通过或否决（必须提出书面解释）。

几年前，阿瓦隆中学的学生运用他们的立法权，说服校方恢复了一项宝贵的特权——到校外吃午餐的自由。过去，学生可以在40分钟的午餐时间里到校外就餐，但是校方在接到几起发生在校外的不良行为报告之后，随即终止了外出就餐政策。学生提出经过慎重考虑的建议，并且承诺杜绝校外违规行为，校方则做出了让步。这增强了学生的信任感和责任感。

类似的权力分享体系需要老师和学生都充满创意、认真负责。正如艺术与技术影响力学院的一位老师所说："我相信我们的学校能够改变学生，因为，它也改变了我。"

团结力量大

我们提到的一些例子,比如卡斯科湾高中的探索,在公立学校中是绝无仅有的。只要将重心向深度学习倾斜,投入更多的资源,开展类似的活动无疑是可能的。但是,我们展示它们的目的却不是让其他的美国学校原样照搬,而是要提炼出这些活动背后的基本目标和原则,并使之付诸实践。现在,应该已经说得很清楚了,竭尽所能地建设有凝聚力的学校社团不是一种奢望,而是素质教育的基本要求。

这个基础支持着批判性思维、解决问题、有效沟通和学会如何学习的关键目标。特别是,显而易见,强有力的社团能够培养良好的合作者。合作已经成为一项关键的 21 世纪技能,现代教育专家经常引用两个理由来说明这一点:一是随着雇主们意识到共享天赋能够带来更多的创新和更好的产品,职场中越来越强调合作;二是随着全新的信息技术的涌现,合作也在变得更容易、更普遍。

现在,许多美国学校已经认识到教会学生合作的重要性,试图通过增加团队项目的数量来实现这个目标。遗憾的是,这些努力往往以失败告终。优等生(和他们的家长)讨厌跟差生同组，担心他们的 GPA 可能被拖后腿；一些项目最后变成了无用功，一些准备不充分的老师要么事无巨细、管得太多，要么干脆撒手不管。

从鼓励学生关心彼此的成功到激励可能偷懒的家伙，从建立建设性的反馈机制到知道团队何时正在失去斗志并有效干预，帮助学生学会有效合作，需要多个层面上的努力。我们在采访中看到了许多在所有这些领域都拥有丰富经验的教育者。

我们经常看到，老师每天都在为学生做出合作的榜样，他们一起设计课程、就日常活动交换意见、了解个人项目的进展。他们也经常跟学生谈论与其他人和睦相处的价值，让学生求同存异、各抒己见。

在艺术与技术影响力学院，艺术教师泰勒·菲斯特（Tyler Fister）讲述了他是如何鼓励学生认真交换意见、互相帮助改进作品的。"他们是彼此的老师。"他告诉我们。一开始，菲斯特向学生提供一系列用于小组讨论的问题，让他们习惯成功合作所需要的互谅互让。随着他们越来越适应这个过程，学生对老师的依赖逐渐减少，对彼此的依赖逐渐增加。

一些接受我们采访的老师说，他们特意让九年级和十年级的学生结成小组，以确保在不同的能力水平、兴趣和激励之间保持平衡，增加成功的机会。在大多数情况下，他们争取让每个小组中都有一个领导者、一个激励者、一个组织者和一个能够从领导、激励和组织中获益的学生。到了高年级，学生自己就知道应该怎么做了，老师会给他们更多自由，让他们自己选择小组。

"我知道我是个带头人。"罗切斯特高中的一名高年级学生对我们说，"我会把事情做好，但是我需要一个组织者来告诉我什么时候需要交作业。"

团队完成任务的过程中，老师时不时地现身。虽然他们会在需要时介入调解、监督指导、提醒学生截止期限，但他们会尽可能地置身事外。在罗切斯特高中，我们看到一个小组在准备PPT演示，内容是一个以他们正在研究的历史事件为基础的冒险故事。小组的每个成员都签订了一份合同，对各自的职责做出了明确规定，每个人都承诺制作六页PPT。不过，到演示当天，其中一名学生缺席了，而且没有上交他的PPT。措手不及的组长向老师丹·麦卡锡（Dan McCarthy）抱怨说，她不知道该怎么办。麦卡锡沉吟说："我在想你是不是该解雇他。"合同是这么规定的。"不！"女生吓了一跳，说，"他很用功。他应该是团队的一员。"然后，他们两人开始考虑其他办法来挽救这次演示。

我们在这本书中介绍的所有学校都希望学生以伙伴或团队

的形式共同合作，比在今天的大多数学校中通常看到的都要多。正如我们将在下一章详细阐述的，大多数情况下，项目是家庭作业的常态，而不是特例。因此，新生文化适应过程的一个关键部分就是习惯与同龄人持续合作，对许多人来说，这都是陌生和令人尴尬的经历。

在克利夫兰的MC2 STEM高中的迎新仪式中，我们看到了一个特别生动的例子，说明富有创新精神的学校是如何帮助新生理解合作的价值观，并熟练掌握这项技能的。一天下午，在十一年级学生的领导下，新生分成几个小组，比赛制作硬币发射器。组长给新生一个假定的预算，从"商店"购买八件日用品，包括硬纸板、曲别针、铅笔、汽水瓶和橡皮筋等。然后，组长监督团队成员制作他们的发射器，最后进行测试，看哪个小组的发射器能把硬币射得最远。比赛结束时，新生不仅学会了设计和制作样品，而且实际解决了问题，实践了批判性思维和沟通——或许最重要的是，学会了如何为彼此的成功做出贡献。

深度学习蓝图

● 要让学生从被动的受教育者变成积极的自主学习者，建设强有力的学校社团是必不可少的。

- 最有效的社团能够将"支持和信任"与"高期望和学习的集体责任感"结合起来。
- 建立强有力的学习社团的有效策略包括：颠覆过去经验的迎新仪式；关注学习、开放和平等的物理环境；在显著位置经常性地、正式地强调社团的期望和规范；老生作为导师和榜样参与其中。
- 合作越来越成为现代社会的必备技能。教会学生合作并不简单，需要多方面的努力，包括激励学生关心彼此的成功、建立建设性的反馈机制、为缺乏斗志的学生注入活力，以及知道何时需要干预、如何干预，还要知道何时应该走开，让学生自己找到解决办法。

注释：

①Cori Brewster and Jennifer Railsback, "Building Trusting Relationships for School Improvement: Implications for Principals and Teachers," *By Request*, Northwest Regional Laboratory, September 2003.

② Anthony S. Bryk, Valerie Lee, and Peter Holland, *Catholic Schools and the Common Good* (Cambridge, MA:

Harvard University Press, March 1995).

③Anthony S. Bryk, "Organizing Schools for Improvement," *Kappan* 91: 7 (2010).

④Linda Darling-Hammond, *Only a Teacher: Teachers Today*, PBS Online, www.pbs.org/onlyateacher/today2.html. 琳达·达林-哈蒙德是"教学与美国的未来"全国委员会（National Commission on Teaching and America's Future）的创会理事。

⑤Camille A. Farrington, "Academic Mindsets as a Critical Component of Deeper Learning," A White Paper Prepared for the William and Flora Hewlett Foundation, April 2013.

⑥David Arnold, "Student Goes from Homeless to Harvard University," *NewsNetS*, May 31, 2012.

⑦David Boone, "Heading to Harvard," *Huffington Post*, May 11, 2012.

⑧Jennifer Kahn, "Can Emotional Intelligence Be Taught?" *New York Times*, September 11, 2013.

⑨Abraham H. Maslow, *Motivation and Personality* (New York: Harper & Brothers, 1954).

⑩D. S. Hawker and M. J. Boulton. 2000. Twenty years' research on peer victimization and psychosocial maladjustment: A meta-analytic review of cross-sectional studies. *Journal of Child Psychology and Psychiatry and Allied Disciplines* 41，441 - 455. 另见 K. Rigby. 2003. Consequences of bullying in schools. *Canadian Journal of Psychiatry* 48（9）：583 - 590。

⑪ G. M. Glew, M. Fan, W. Katon, F. P. Rivara, and M. A. Kernic. 2005. Bullying, psychosocial adjustment, and academic performance in elementary school. *Archives of Pediatric Adolescent Medicine* 159：1026 - 1031.

⑫Jaana Juvonen, Yueyan Wang, and Guadalupe Espinoza, "Bullying Experiences and Compromised Academic Performance Across Middle School Grades," *Journal of Early Adolescence* 31：152（2011）.

⑬ Robert Blum, "School Connectedness: Improving the Lives of Students," Johns Hopkins Bloomberg School of Public Health, Baltimore, Maryland, 2005.

⑭并不是说在这样的环境中，霸凌就不会发生。例如，阿瓦隆中学有许多学生以前在传统学校处境艰难。32%的学生被认为应该接受特殊教育——这是我们采访的所有学校中比例最高的，这个数字是美国平均水平的两倍多；许多学生焦虑、抑郁、社交困难。只要有可能，学校就运用"恢复性司法"策

略，让孩子们自己解决小冲突。卡莉·巴肯老师说，2012—2013学年，有25名学生因为打架或滥用药物等严重违反校规的行为被停课，占学生总数的14%。不过，建设社团的努力还是取得了成效。巴肯说，进行调查时，阿瓦隆中学99%的学生说他们在学校感到安全。

⑮Albert Bandura, *Social Learning Theory* (New York: Genera! Learning Press, 1971).

⑯David Grant, *Teacher-Training Coordinator David Grand Describes a Framework for Project Learning Success*, video, directed by Ken Ellis, The George Lucas Foundation, March 15, 2010, www.edutopia.org/stw-maine-project-based-learning-authentic-expeditionary-video.

第二章 赋　权

激励学生成为学习的主宰

这里不需要等价交换，我们可以单方面地索取。

——阿瓦隆中学的一名学生

"孩子们希望这样学习"

在缅因州波特兰市的国王中学，八年级学生在"发电"这个课程单元中体验了专业的能效审核员、科学研究员、能源开发者和工程师是如何工作的。"审核员"戴着护目镜，拿着红外测温仪和气流探测器，测量家中方方面面的能源使用，把他们的发现和建议写在行业标准报告里。"研究员"研究风力发电机的力学原理，提出假设并加以检验，搞清楚哪些变量——比如不同的叶片尺寸和形状——能够最有效地增加推力。"开发者"起草提案，为在缅因州建造风力发电机所需要的土地提出申请。"工程师"以团队合作的形式设计和制造了能够产生1伏特电压的小型风力发电机，足以点亮一个LED小灯泡。在项目的最后，他们还要轮流充当宣传员，在一个有家长和热心市民参加的"贸易展"上展示他们的发电机。

这个为期4个月的跨科目项目，让孩子们对电力的性质、美国面临的能源挑战和每个人能够为解决问题做出什么贡献有了切身的体会。老师相信，孩子们越是积极参与，就越容易理解和记住这些内容。在这个过程中，学生很少会安静地坐着。

"他们90%的时间都在站着或者走来走去，在调查、设计、制作东西。"教育技术老师格斯·古德温说。

古德温的许多学生一开始面对这种挑战时都很紧张。在一个独立的课程单元中，项目团队开始制作小型机器人。"一开始，我什么也不会做，我这辈子都没拿过螺丝刀。"八年级的艾玛·施瓦茨（Emma Schwartz）对电视台记者说，"我觉得自己搞不定。"[1]不过，在古德温的指导下，艾玛和她的同学很快投入工作中，连他们自己都感到惊讶，当然也非常开心。

"孩子们希望这样学习。"2010年,教育部长阿恩·邓肯(Arne Duncan)参观国王中学时说。②古德温原来是空军的一名航空电子设备技术员,高中社会实践课的美好回忆让他立志成为一名教师——他曾经在那门课上制作了一盏气泵驱动的电灯。后来这些年里,能源问题变得越来越复杂和富有争议,不过"发电"项目的学生很快站稳了脚跟。第4个月末,项目团队在学生"贸易展"上骄傲地展出了他们的风力发电机。

实践出真知

中国古代思想家荀子说:"闻之不若见之,见之不若知之,知之不若行之。"约翰·杜威(John Dewey)等一些著名教育家也反复提醒我们"实践"的重要性,强调要让学生充分参与有意义的学习过程。③给学生提供机会,让他们在教育中保持积极性与活力,是老师丰富教学内容的法宝之一。

高技术学校的创始人和校长拉里·罗森斯托克在接受采访时,经常让采访者讲述他们高中时代最宝贵的回忆,他在公开演讲中也经常要求观众们这样做。他说,人们总是会提到一个合作项目和一位导师,包括对失败的恐惧和对成功的褒奖,最后是某种形式的公开展示。④关注深度学习的学校力图将所有这些要素融入学生的日常生活。⑤

为学生设计密切相关、激发积极参与的学习项目是一项艰巨的任务,老师必须努力将项目和作业与不断提高的课程标准联系起来,用恰当的方法确保学生的作品得到公正的评价。在对这些学校的访问中,许多老师将现实意义与必需的课业内容完美结合起来,其卓越的能力一次又一次给我们留下了深刻的印象。在圣迭戈的高技术学校,学生通过分析市场上销售的肉类商品的DNA,帮助动物保护组织发现了非洲盗猎活动的证据。在克利夫兰的MC2 STEM高中,学生用软件创作原创音乐,并制作了扬声器系统。在加州海沃德市的艺术与技术影响力学院,学生在一门苏格拉底问答式研讨课上,围绕流行小说《一个印第安少年的超真实日记》(*The Absolutely True Diary of a Part-Time Indian*),分享了对书中描写的青少年时期经历的看法。

接下来,我们将详细论述:所有这些经历对学生的深度学习都是大有裨益的。项目让学生将学到的知识应用于其他情境,锻炼了学生解决问题的能力。就与学生日常生活有关的问题开展苏格拉底式的问答和讨论,强化了他们的批判性思维能力;必要的展示让他们成为更好的沟通者;团队合作增强了他们的合作能力;随着老师让他们承担越来越多的责任,学生要不断迎接成为自主学习专家的挑战。

无聊的反义词

在我们访问的这八所学校,以学生为中心的积极的教学方法有效地解决了教育系统的两大顽疾——厌倦和消极的学习态度。这不是什么新问题,不过今天的老师可能面临更大的挑战,他们要争夺日益稀缺的注意力,营造能够抓住学生兴趣点、不让学生开小差的课堂环境,同时满足教学要求,维护公正评价的空间。做到这一切需要克服很多困难,访问中见证的教学热情深深地感染了我们。

我们采访的许多人都给我们讲述了自己上学时无聊而痛苦的回忆。科学领导学院的校长克里斯·莱曼说:

> 高中生活糟透了,因为总是有人让我们做这做那,而我们不得不做……我敢说你们上高中时也都是一整天坐在另一个学生身后,42分钟一节课,又一节课,又一节课,然后是31分钟的午饭时间,你狼吞虎咽地吃下工业化食品,再回去上42分钟的一节课。一天下来,别说课上讲了什么,你能记住上的是哪门课就不错了!如果你能记住,你就是个好学生。还有,那些告诉了你一遍又一遍的东西,你根本不知道自己为什么会需要它。⑥

虽然长期以来，厌倦被认为是一种性格缺陷，但是科学家发现，厌倦根源于更加普遍的焦虑状态。[7]对学校来说，这是一种特别不受欢迎的状态——理想的学校环境应该让每个人保持警醒、专注和参与。虽然厌倦可能出于个人原因，但是它经常与对学生的消极行为采取严厉惩戒措施有关，而全美国的许多学校都是这样做的。厌倦及其带来的无效甚至有害的反应，也是高中生退学的主要原因之一。2006年，一项对470名高中退学生的调查显示，近半数的学生说他们离开学校，是因为课程很无聊，与他们的日常生活或职业规划无关。除此之外，半数的应届毕业生说高中课程太简单了，近30%的人说他们接受的教育没有让他们为未来的成功做好准备。[8]

这些学生中有很大比例来自少数族裔和低收入家庭，这一点背后的含义对我们理解和解决教育系统中根深蒂固的经济和种族不平等问题至关重要。在某些大城市，市区高中的毕业率在50%左右，甚至更低。约翰·霍普金斯大学的研究者发现，近2 000所高中（约占美国高中总数的13%）的班级从新生入学到毕业缩水率超过40%。这些学校被戏称为"退学工厂"，与附近规模更大的白人学校相比，师资力量和其他资源都不充足。事实上，38%的非洲裔学生和33%的拉丁裔学生就读于这些所谓的退学工厂。[9]

这些数字暴露出的差异令人触目惊心。不过，当我们将视线放宽，考察来自大小城市和郊区、不同族裔的所有学生时，情况也没有改善。在所有的美国高中，只有不到三分之一的学生达到了大学的入学标准。尽管大多数学生渴望获得大学学位，但是大多数人在学业上没有做好准备。事实上，在美国大学入学考试（ACT）中，只有26%的考生能够在包括英语、阅读、数学和科学在内的全部四个科目上达到大学入学标准。细分来看，只有13%的二代拉丁裔学生能够在四个科目上达标，非洲裔学生的这个比例只有5%。[10]

这种糟糕的情况没有引起足够的重视，而学生与课堂脱节的事实是不容否认的。近30%的学生指出，他们厌学是因为缺乏与老师的互动；75%的学生认为课堂教授的内容没有意思。[11]这就进入了深度学习的范畴。深度学习的目标不只是解决厌学的问题，不过，要让学生避免学习和生活道路上的这一重要障碍，这种更丰富、更强调参与的学习方法可能是最有效的。

传统的学校教育不能让学生充分参与，这使得我们的发现更加重要：在我们访问的学校，老师努力吸引学生的注意力，确保上课时间是有明确目标、有意义和积极的。我们看到的绝不是学生考出好成绩或者登上优等生名单。无论是开展各种各样的实操项目、做展示说明他们学到的东西、参与研讨，还是自己主持家长会，学生都要花大量的时间进行"实践"。老师很少像传统意义上那样"站在讲台上"。相反，他们告诉我们，他们把自己看作学习战略家和教练，帮助学生发现学习的热情和最好的学习方法。

"我的任务是融入教室的背景当中。"一位老师告诉我们，"无论是独立活动还是团队活动，如果我计划周详、设计合理、方向明确，学生们自己就能完成。"这可能给人一种老师没做多少实际工作的印象，但事实绝非如此。实际上，教师角色的这种重要转变减少了主动管理和讲解，但是需要更多的精心准备、与同事合作，以及与学生共同解决问题。

这种学习理念可以追溯到约翰·杜威和保罗·弗莱雷（Paulo Freire）等哲学家和教育家的理论，也有最近的教学研究支持。弗雷德·M. 纽曼（Fred M. Newmann）和他的同事开展的一项为期五年的研究显示，如果学生在建构和组织知识时能够围绕科目，训练有素地应用一整套程序（科学探究、历史研究、文学分析、写作），并且与课堂以外的观众有效沟通，他们的成绩会提高。这种学习理念强调"高水平的认知表现（即严格、深入的理解，而不是略知皮毛，只记住了一些零散的知识点），要产生有用的产品和服务，或者带来富有成效的理性对话，而不是仅仅为了展示能力或者取悦老师而完成练习"⑫。而且，学生只有在关心学习的内容或者被培养的能力时，才最有可能不畏艰难地投入学习的过程。⑬

项目的优点与难点

这里让我们稍微偏离一下主题，先解释几个术语。如果你是一位老师或校长，那么你对它们可能已经很熟悉了。我们在本书中介绍的所有学校都致力于探究式学习，这种教学方法诞生于20世纪60年代，是对依赖于记忆预定内容的传统教学方式的反击。探究式学习让孩子们放眼全局、质疑假设，并且自己建立联系、满足好奇心、培养解决问题的能力。⑭对于许多信奉深度学习原则的老师和校长来说，这也意味着尽一切可能地鼓励孩子们追寻对他们最重要的学习路径。

科学领导学院的校长克里斯·莱曼在回忆自己高中时代最有意义的经历时说："我记得在学校电视台工作，台前幕后都是我一个人。那真是太棒了。不过，其他时候，我得学会一只手支着脑袋，一只手写写画画，假装在记笔记。只是偶尔这样。但事情本来可以不这样的。"

有许多方法可以让学习既现实又有意义，这将是本章和下一章的重点。项目式学习是其中一种不可或缺的方法，探究式学习不能完全涵盖其内容。这种方法在今天的美国高中越来越普及，不过采取的形式不一定是最好的。若干年来，由于项目选择和指导的随意性，这一战略也引起了争议，有些批评家认为它缺乏"严谨性"。不过，研究显示，如果能够正确地执行，项目式学习在许多方面优于传统的教学方式[15]——即使以学生的考试成绩来衡量，也是如此。（"知识在行动"研究项目对三个州的学生进行了多年跟踪调查，结果显示，2011—2012学年，在大学先修课程通过率这一指标上，参与项目式课程的学生比传统教学方式培养的学生高出30%。[16]）

已经有一些研究证明，有效选择和管理的项目能让知识更容易记忆，提高学生解决问题和合作的能力，同时增强学生的积极性。[17]特别是，这种战略能让学生更积极地参与学习的过程，从而更好地理解科学和技术。[18]

并不是所有我们访问的学校的老师都把他们的做法称为项目式学习。不过，在所有的案例中，我们都看到孩子们独立或者以团队的形式开展项目，包括学习概念和付诸实践。在所有的学校中，我们都看到老师帮助学生培养批判性思维的能力。斯坦福大学的琳达·达林-哈蒙德对这种战略进行了恰如其分的解读，她称之为将课题"问题化"，即让学生"定义问题，即使是专家提供的主张和解释，也要寻找证据支持"[19]。

那些长期采用传统教学方法的学校向项目式学习转变并不容易。不过，随着美国各州采纳共同核心课程标准，这种转变势在必行。评估机构之一"智慧平衡"（Smarter Balanced）最近发布了一份评价模板，要求高中三年级学生能够"战略性地参与合作，独立探究调查/研究主题，提出问题，收集和呈现信息"。

不过，到目前为止，我们采访的许多老师说他们仍然要面对这样的批评：总是有人担心，如果学生不能安静地坐在课桌前听讲，就无法保证教育的严谨性。"将有意义的解释和严谨性对立起来是一个错误。"卡斯科湾高中的英语教师苏珊·麦克雷说，"事实上，没有意义就没有真正的严谨性。你可以认为教材和考试是严谨的，但是如果没有人去阅读教材，就根本没有学习（也没有严谨性）。当学生们知道他们是在做真正有意义的事，他们才会投入并做到最好。"我们采访的其他老师也表达了类似的观点，说他们不会为了给学生提供重要的现实经验而牺牲任何教学标准要求的内容。

"如果你要从一架飞机上跳下来，你希望谁来给你打包降落伞包？"国王中学的格斯·古德温说，"是一个在降落伞包打包考试中得高分的人，还是一个跟专业人士现场学习过、尝试过、犯过错误、吸取教训、改正错误、能够解释他要如何打包以及为什么要这样打包的人?"大多数(尽管不是全部)教育者都会同意,精心设计的、有意义的考试和评价是非常有价值的工具。但它们只是工具,是更好地支持学生学习的手段,而永远不应该被当成目的。

为人师表

在印第安纳州的罗切斯特高中,科学老师艾米·布莱克本让七名毕业班学生组成团队,为当地的医院设计一间更高效的急诊室。布莱克本在当老师之前,曾经在医院实验室工作过七年,因此特别有资格策划这个项目。不过,这里有必要提醒一句,虽然引用了她和前航空电子设备技术员格斯·古德温的故事,但是我们并不想说老师应该把这种特殊的专门知识带进他们的课堂。事实上,跟学生一样,几乎所有的老师都有独特的天赋、兴趣和专门知识,应该加以利用。我们选择用来说明深度学习理念的这些故事只是例子,而不是公式。在本章后半部分你会看到,拥有各种背景的老师都能成功运用他们的天赋和知识,包括那些来自传统教学机构的老师。

布莱克本布置的作业包括几项颇具挑战性的任务。学生从研究和理解哪些因素会提升或降低医院的效率开始。他们下载关于急诊室工作程序的学术论文，内容包括人员配置、患者追踪和通常的等待时间等。接下来，他们要识别关键问题，为下一步的调查准备一系列问题，然后走访真正的急诊室，采访医生和护士。最后，团队提出了提高急诊室效率的两项创新举措，撰写了正式的提案，描述他们的计划应该如何实施。具体来说，他们建议设立两间独立的候诊室，对需要紧急处理的患者进行分诊，为不需要即刻诊疗的患者建立一套预约系统。

当然，这一切已经超出了许多高中生的水平，但是布莱克本的期望还要更高。在项目开始之初，她就告诉学生，她已经安排好把他们的建议提交给急诊室的护士和学校管理层。

布莱克本的学生不是懒骨头。从开始参与项目的那一刻起，直到提交作品，他们都全力以赴。到预定公开演示的日期之前，他们争先恐后地献计献策、美化PPT。演示当晚，在学校的一间教室里，观众提出了各种尖锐的问题，而他们早有准备。

做过公开演讲的人都知道，准备这样的演讲需要聚精会神。在我们访问的八所学校，老师们都意识到公开演讲能够有效地激励学生完成高质量的作品；除了让学生交作业之外，他们通常都要求某种形式的公开演示。

在国王中学，"发电"课程单元的学生与专业环保团体一道，在学校举办的年度绿色博览会上占据一个展位，展示他们的风力发电机模型、土地使用报告和能源审核结果。学生向参观者解释他们的作品，最后，风力发电机的设计者还获得了展会的年度大奖，因为他们表现出了最了不起的"创意、不羁、巧思和灵感"。

类似地，作为艺术课程的一部分，克利夫兰的 MC2 STEM 高中的新生在摇滚名人堂的年度大会上展示了他们的项目，包括诗歌、戏剧、音乐和自己设计制作的立体声扬声器。骄傲是最好的鼓励，我们看到许多老师都十分擅长在教学中培育学生的自信心。除了准备正式的演示，学生还经常参与公开辩论，这要求他们熟读研究材料、考虑各种观点、说明他们对问题的理解，当然，辩论也能提高他们的沟通能力。

在高技术学校，前世界史教师丹·怀斯（Dan Wise）是辩论的忠实信徒，他教授的每一门课最后都要围绕课程的核心主题开展 35 分钟的辩论。在学生们适应这种高要求的教学方式之前，怀斯花了很多工夫帮助他们做准备。多年来，他设计了一系列活动，帮助孩子们培养辩论所需要的多种能力，包括围绕主题进行研究和写作两页纸的"历史概要"。除了在辩论中作为参考工具，这份概要还锻炼了学生的写作和组织能力，包括总结和引用大量文献、用图表和时间线呈现信息的能力。

为了进一步帮助学生为辩论做准备，怀斯让他们结成小组，阅读彼此的概要并提出意见。他在小组之间走来走去，帮助他们提出能让论点更有力的问题。例如，有一节课准备辩论的主题是美国在叙利亚所起的作用，怀斯建议他们考虑这些问题：叙利亚的政体是什么？历史上，美国与叙利亚及其政府的关系如何？叙利亚和以色列的关系如何？为什么这对美国很重要？

怀斯要求每个小组在原来的基础上多提出两个问题，多调研与主题有关的十到十五个事实。他定期检查学生的进度，鼓励那些似乎遇到了困难的孩子跟他练习辩论。这个过程既需要合作也需要竞争：学生要为辩论的正反双方都做好准备，临近上场才会知道他们要代表哪一方。"我不希望学生把辩论看成一场零和游戏。"怀斯说。辩论结束后，学生观察团会提交一份结论。怀斯从来不告诉辩论的双方谁赢谁输。

批判性思维

这些老师如此倚重正式演示和辩论的原因之一，是他们明白学习的社交属性对培养批判性思维能力具有多么重要的意义。老师与学生之间，以及学生与学生之间的紧密关系和热情对话是最有效的激励手段。这种方法的另一项工具是苏格拉底式的问答——这是一种"没有老师的课堂",学生围绕他们正在学习的文本或观点,提出没有明确答案的开放式问题,展开讨论。跟辩论一样,问答参与者必须学会如何表达他们的观点、用证据支持他们的论点、怀着认真和尊重的态度聆听同龄人讲话。我们的八所学校中有一些依靠这种问答来强化学生的沟通和批判性思维能力——这是深度学习的两个重要目标。

在加州的艺术与技术影响力学院,英语教师汉娜·奥迪涅克(Hannah Odyniec)用四到六个星期帮助新生准备在全校的家长开放日上展示的问答。如果九年级学生在舞台上看起来格外镇定自若、自信满满,那么一定得益于反复的实践。他们要练习表达他们的立场、支持他们的论点,以及怀着尊重的态度彼此聆听,直到这些能力开始成为他们的第二本能。

我们采访这些学校时,看到一个小组的九名学生把他们的课桌围成一圈,为讨论谢尔曼·亚力克西(Sherman Alexie)2007年创作的青少年小说《一个印第安少年的超真实日记》做准备。另一个小组也有九个人,这次轮到他们当观察团,他们围着第一个小组坐成一圈,安静地做着笔记。

问答开始时,一个学生提出问题:为什么主人公的朋友认为,他离开保留地,转学到条件更好的高中,是一种背叛?

"他们是他真正的朋友吗？"这个学生问道。

"说得很有道理。"另一个学生回答说，显然遵照老师的要求认真聆听了对方的话，"他在原来的学校真的被接纳了吗？去一所新学校重新开始难道不是更好吗？即使新学校的同学都是富有的白人。"

然后，我们看着他们继续讨论。学生使用一些规范用语，让彼此知道他们认真听取了其他人的发言。"说得很有道理"是他们用来表达同意和支持的工具之一，其他规范用语还包括"这种观点很有意思""我以前没有想到"和"我明白你的意思了"。

他们的常用工具还包括复述刚刚听到的内容，以确保他们充分理解了别人的意思，比如"你是说……"，或者"换句话说，你认为……"，或者"我想你的意思是……"，以及有礼貌地请对方进一步说明，比如"我有个问题"。如果有异议，学生要为自己的立场辩护，用"我的答案跟你不同，因为……"或者"我有不同的看法，因为……"来开头。

内圈的学生讨论时，外圈的观察团专心聆听。他们每个人都承担着特定的任务，包括帮助老师评价参与讨论的每个人的表现。几位观察员要记录讨论中提出的至少五个要点。另几位观察员识别内圈参与者的五项积极贡献，按照老师的指导，找出谁从文本中找到了证据支持自己的观点、谁提出了推动讨论的有意义的问题、谁认真听取了其他人的观点并加以利用、谁做出了有洞察力的评论。一名学生负责计数，记录每名学生发表评论、提出问题和引用文本的次数，一名学生写下对讨论整体态势的评价，另有一名学生写出至少五条如果他自己参与讨论也会提出的评论。

跟内圈成员一样，观察团也要接受常规训练，在做笔记时使用类似的规范用语。例如，他们使用"恰当的尊重"这个词，比如说"约翰在发起讨论和引用文本时表现出了恰当的尊重"，或者"安妮特举起手又放下，因为意识到自己说得太多了，这种行为表现出了恰当的尊重"。

奥迪涅克一只手拿着秒表，另一只手拿着笔，草草记着笔记，在整个讨论期间只开过一两次口。只有当学生显然遇到了困难，或者偶尔向经验丰富的参与者征求意见时，她才会介入，温和地要求参与者用证据说话。"你在书中哪一段看到的？"有一次她问道，"这段话真的是这个意思吗？"

"学生太急于表达自己的观点，经常会吵起来。"她后来对我们说，"我们要让他们养成习惯，清楚地说明自己是在哪里找到证据的，每句话都要有证据。然后，我们的任务就是帮助他们每天练习。"奥迪涅克说，当她听到学生们离开教室时还在继续讨论，就知道这堂课成功了。"事实上，"她补充道，"他们通常都会这样做。"

"学校就是修改作业的地方"

学生要成为深度学习者，必须习惯于学习是一个永无止境的过程，当然不可能一考完试或者交完论文就结束。在我们采访的所有学校，学生都有许多机会不断修改他们的作品，对老师和同学的意见做出反馈。通过这种方式，他们能够理解完成一件高质量的作品需要付出多少努力。

"学校就是修改作业的地方。"国王中学的技术整合和教师培训协调员戴维·格兰特告诉我们。换句话说，家庭作业的重点在于学习和理解，而不是完成任务。格兰特说，这意味着对学生的评价永远不应该以学生的失败告终。项目和论文的初稿只是创作、反馈、反思和修改这一"学习循环"的起点。

在MC2 STEM高中这样采用掌握学习法的学校，修改尤其重要。在这套体系之下，如果学生不能达到"掌握"或"熟练掌握"（另外两个等级是"不完全掌握"和"不合格"），就不能通过一门课。学生知道他们要继续为项目努力，直到合格为止。

在大多数致力于深度学习目标的学校,修改都是神圣不可侵犯的。老师和学生都知道,在安排日程时,必须给修改留出充足的时间。学生经常在课堂上花时间修改作业。老师在课上和课后对学生进行一对一的辅导,还要对同学之间的反馈和团队共同进行的修改进行协调。在罗切斯特高中,一位老师经常在课堂上说,学生必须明白"不改上三稿,你的作品就不会好"。

在国王中学,学生会拿到一本手册,评价他们在"发电"课程单元中提交的家庭能源审核报告的科学内容、数据分析和写作质量。他们以这本小册子为参考,首先修改自己的作品,然后分组评价其他同学的作品。然后,老师才会介入,提出他们的意见。

国王中学的科学老师彼得·希尔(Peter Hill)说,他和同事会训练学生谨慎地解释数据,"在他们开始写作之前,首先要搞清楚这些数字意味着什么。我们有时候会逐字逐句地审查他们的作品——这里我发现了什么、这里是什么意思,一遍又一遍"。这个劳心费力的过程能够帮助学生磨炼性格,养成良好的学术习惯。他们有机会变得更耐心、更敏锐、更坚强、更有韧性,而且更渴望提高作品的质量。我们听到,许多孩子说他们理解和珍惜这种成长的机会。"以前,我在学校总是得过且过,"卡斯科湾高中的一名毕业生告诉我们,"只要能及格就行了。但是在这里,你希望从一开始就做到最好,如果这样还不够,你还可以继续修改。"

当然,在进行有意义的修改之前,必须有反思。我们这八所学校的老师说他们一直在培养学生这方面的能力,向他们说明反思的价值,让他们写日记或博客。阿瓦隆中学的一位社会研究老师让学生为每个项目写一篇博客进行反思,国王中学的一位老师让学生每周在日记中进行反思。数学课的学生通常要在日记中解释他们是如何求解特定问题的。

"反思是我们做的每一件事情的重要组成部分。"卡斯科湾高中的生物老师本·唐纳森(Ben Donaldson)说,"有个笑话说,学生都是职业反思家。"

学生带头

让学生主导自己的教育的一个特别生动的例子,是让他们主持传统学校所谓的家长会。在这项历史悠久的活动中,学生通常待在家里,成年人在学校讨论他们的进步或不足。但是,在基于深度学习原则的学校,家长会经常变成学生主导的研讨会,学生展示他们的作业,老师帮助他们做好准备之后就坐在桌子另一头,甚至干脆坐到旁边去。然后,学生、家长和老师一起评价和讨论学生的作品和取得的进步。这强调的还是学生要为他们自己的成功负责。

这种家长会的具体形式各不相同。在加州的艺术与技术影响力学院，三到四组学生和他们的家长同时参加，老师在教室里走来走去，确保家长的问题得到解答，只有在学生遇到困难时才介入。不过，在所有的案例中，基本的精神都是相同的：这是学生分享他对成就与挑战的反思的时刻。

彼得·希尔说，在国王中学，一年两度的学生主导的家长会是"为了让学生成为自己学习的主人，是我们做的最重要的事情之一"。他在他的咨询课上帮助孩子们为家长会做准备，"不过，学生的第一个念头就是翻开他们的文件夹，找到他们想给父母展示的最棒的东西"。

相反，希尔鼓励学生思考他们付出的努力与作品质量之间的关系。为此，他让学生选出三个例子，帮助他们的家长更深入地了解自己的孩子：他们在哪个领域遇到了困难，在哪方面拥有特长。他说，大多数学生从来没有用这种方式思考过他们的学习。大多数家长也没有。

希尔知道，实际上许多家长需要时间来适应这种新方式。他说，通常父母"只想问我他们的孩子表现怎么样。有时候我必须把话题拉回来，让孩子继续主导。我们也得教会家长如何对孩子的作品做出反馈，如何最有效地帮助孩子"。不过，老师们告诉我们，最后大多数家长都喜欢这种新方式。"他们认识到成绩单不能告诉他们有用的东西。"希尔的同事格斯·古德温说，"随着时间的推移，家长开始在这些研讨会上为他们的孩子设定更高的标准。"

作为班主任，希尔让他的学生练习如何与家长讨论他们的作品。一名八年级男生一开始非常害羞地低着头，承认他不想把作品给任何人看，包括他的父母。希尔告诉这个男生自己理解他的感受，然后提出了几种讨论数学作业的方法——两人都知道数学是男生的弱项。"你已经做出了一些值得骄傲的努力。"希尔说。然后，两人一起选出一张卷子，它能够证明男生的努力。希尔建议说："你为什么不在家长会上展示这份作业呢？你可以这样开头：'我的数学学得不错，当我……'"男生把这句话记在笔记本上，然后明显开始放松了。接下来的咨询里，希尔又帮他找到了更多的例子来证明他的努力。

孩子们在学习用这种方式宣传自己的同时，也发现了如何让他们的父母更明白：怎样做才能更好地支持他们。希尔讲了一个非常聪明却在独立阅读中遇到困难的学生的故事。这个男孩本来在课堂上很活跃，但是当他那一脸严肃的父亲走进教室时，他立刻安静下来，直挺挺地坐在椅子里。这让希尔感到惊讶。但是，更让他惊讶的是，这个男孩在家长会上发言时对他的父亲说："我发现，我需要花更多的时间自己阅读，我需要你的帮助。我需要让我的三个弟弟晚上离开房间，好让我安静地读书。"

希尔注意到，学生和家长都能从这种交流中获益。他补充说："几个星期以后，我又问了这个学生。他非常高兴：他的父亲会让弟弟们离开房间，让他安静地读书。"

在科学领导学院，健康教育家皮娅·马丁（Pia Martin）教给她的学生如何就困难的话题与父母沟通，比如为什么他们某一门课得了 C。"你的父母会有何反应？"她问，"什么事情会激怒他们？有什么后果？你会挨罚吗？我们怎么做才能避免最坏的结果？"

"在家长会上，我是你们的后盾。"她总是提醒他们。跟希尔和我们采访的其他一些老师一样，马丁说她总是让家长会从鼓励学生说出他们的强项开始，避免家长会变成批判大会。她让学生从两个问题开始："我擅长什么？"和"在此基础上我能做些什么？"

"我总是告诉他们：'接受你自己。'"马丁说。只有当学生认识到他们做对了什么之后，她才鼓励他们去应对挑战，并提出下面两个问题："我不擅长什么？"和"我能如何改进？"

展示与评价

我们还看到,深度学习学校的老师采取一种与学生主导的家长会类似的战略,让学生在学习生涯的关键时刻对他们的成就进行正式演示。这个过程有助于让学生更积极地参与学习,对自己的学习负责。只要想到要当众解释项目或论文,就能激励学生更加竭尽全力,拿出高质量的作品。

在艺术与技术影响力学院,学生在四年的高中生活中必须两次就他们的学校作业进行答辩:一次是在二年级期末提交一套标准作品集,另一次是在毕业前提交大学入学作品集。

一套完整的标准作品集包括四件作品,由老师从学生前两年的作品中选出。学生还必须提供一封附函,详细说明每件作品的内容、对作品的反思和在创作过程中学到的东西。然后,学生要选择其中三件作品,在由老师组成的答辩委员会面前进行答辩。

我们旁听了一个学生的 PPT 演示。演示从一张她童年时代的照片开始,配的说明文字是她立志了解专利相关知识,希望有朝一日创办自己的服装零售企业。她用一张 PPT 展示了她在学校取得的成就,包括按时完成作业和取得好成绩;在她遇到的挑战中，她列出了"团队合作"和"成为领导者"。余下的展示围绕她的三件作品进行：一份科学实验报告，一篇英语课上分析《夜晚》(Night)这本书的论文，以及一幅艺术课上制作的拼贴画。她激动地告诉老师，在未来两年里她要继续努力，学习更多的东西。

艺术与技术影响力学院的毕业班学生也要进行类似的展示，不过这次的重点放在为上大学和入职做准备上。作品集中必须包括一个实习期间完成的项目。学生一进入三年级，就要开始考虑他们的大学入学作品集。他们知道，必须完成至少几个可以放进作品集的高质量项目。每个项目都必须得到老师的"认证"，这通常需要好几轮的反馈和修改。"我们尽可能让他们多认证几个项目。"艺术与技术影响力学院的一名学生说，"你总希望能多一些选择，在三、四年级多进行几次尝试。你必须管理好时间，这样才有可能反复修改。"

在圣迭戈的高技术学校，每学年末都有一个被称为"年级展演"的仪式，学生要在这个仪式上提交类似的作品集，进行十分钟的演讲和答疑，家长、老师和同班同学都可以参加。整个学年中，学生都要为这项活动做准备，保留他们作品的数字版，每学期更新，不断地反思和修改。学生非常重视这些展示，会花很长时间进行准备，并盛装登场。

在明尼苏达的阿瓦隆中学，毕业生的学校生涯在一次项目公开展示中画上句号，他们一整年都在为此做准备。展示从五月份开始，历时四个星期，每人半小时，每天下午和晚上最多有四名学生出场。家长、其他家庭成员、同学和感兴趣的专业人士都可以旁听。由老师和相关领域的一位校外专家组成评价委员会。

大多数展示都有PPT，还有些学生准备了电影、音乐和舞蹈。展示之后是提问时间，然后通常会有人上台献花。最后是年轻人跟家人一起去开庆功会。

安全网

当学生更加积极地参与他们的作品时，他们就会投入更多的时间和精力，我们这些学校的学生就是这样做的。与记忆加应试的标准方法相比，这种方法不仅能激发学生的创造性，帮助他们更好地掌握课业内容，而且能让他们更直接地体会现实世界中失败的痛苦。考试得D是一回事；看着一个团队项目设计的机器人爆炸是另一回事；在课堂演示中颜面扫地，或者更糟糕的，在整个学校面前丢人又是一回事。这种反馈更加关乎个人，是的，通常也更痛苦。但是，长期来看，结果可能是更有益的,因为这能教会学生反思,增强他们的抗压能力。换句话说,风险和回报都更高,也更持久。

我们采访的老师都鼓励学生要勇于承担风险,对年轻人直面挑战、战胜挫折抱有很高的期待。这让我们想起硅谷的著名格言:"早失败,常失败。"因为对于成功的企业家来说,没有风险就没有回报,没有偶尔的失败就没有风险。正如哈佛大学的心理学家霍华德·加德纳(Howard Gardner)所说,高成就人群都有一种特别的天赋,能够"识别自己的优点和缺点,对生活中的事件做出准确的分析,把每个人生命中都不可避免地遭遇的挫折转化为未来的成功"[②]。

我们经常看到:老师督促他们的学生拥抱挫折,对失败的价值进行反思。国王中学的八年级学生为乐高机器人挑战赛制作原型时,他们的老师格斯·古德温让他们写论文,对作家和工程师亨利·彼得罗斯基(Henry Petroski)的名言进行反思。彼得罗斯基是分析失败的专家,他说:"成功就是成功,仅此而已。只有失败才能带来进步。"古德温让孩子们找出挑战赛期间的一个具体例子,说明他们遭遇了失败,但是失败带来了进步。古德温和其他人都相信,在一个支持性的环境中,如果学生知道他们不会被嘲笑,而且有足够的时间进行反思,他们就能够从失败中学习。

科学家最近发现，与通常的看法不同，抗压能力不是天生的，而是一套复杂系统的产物，其他人的信任至少能够在一定程度上让孩子变得坚强。㉑我们这些学校的老师都决心扮演这样的角色，鼓励他们的学生全力以赴地投入项目，并且从失败中学习。

深度学习蓝图

● 积极而有意义的教育经历是帮助学生达到深度学习目标的关键，也会影响毕业率。任何旨在控制高中退学率的计划都应该把积极参与的学习经验当作关键要素。

● 拥抱深度学习目标的学校特别注意让学生参与和现实生活有关的项目，比如对他们的家庭进行能源审核，或者为当地医院设计新的急诊室。学校的日常课程包括项目式学习，既有小组讨论，也有独立完成的作业。这些学习经验不仅能够帮助学生发现他们擅长什么，而且让老师和学生有机会自发地相互了解，巩固学生与老师之间、学生与学习之间的关系，这是传统的课堂教学办不到的。

● 熟能生巧——至少能使人进步。如果教师投入大量时间和精力设计的学习循环能够提供有效的反馈，创造修改作品、实践新技能的机会,学生就最有可能成为成功的深度学习者。

● 指导学生修改他们的作品,是深度学习最重要的基本战略之一。

● 老师可以通过各种形式的口头演示,包括辩论、苏格拉底式的问答、学生主导的家长会和公开演讲,来强化学生的批判性思维能力,鼓励他们更加关心自己作品的质量和影响。

注释:

①John Merrow, "An Open Letter to the Architects of the Common Core," *Taking Note*, May 29, 2013.

② "Education Secretary Arne Duncan Visits Portland," *News Center*, Portland, Maine (August 31, 2010).

③约翰·杜威在《我的教育信条》(*My Pedagogic Creed*)一书中提出了"做中学"的概念。他写道:"教师在学校中并不是要给儿童强加某种概念,或使之形成某种习惯,而是作为集体的一个成员来选择对于儿童起作用的影响,并帮助儿童对这些影响做出适当的反应。" John Dewey, *My Pedagogic Creed* (E. L. Kellogg & Co., 1897).

④*Taking the Lead: An Interview with Larry Rosenstock*, video, produced and directed by Ken Ellis, Edutopia, December

3, 2013, www. edutopia. org/high-tech-high-larry-rosenstock-video.

⑤研究显示,当老师为了理解和意义,而不是为了记忆进行教学时,当他们将教学素材与学生的经验联系起来时,学生的表现一贯优于只关注进阶技能和传统考试的传统教育体制下的学生(基于对6个学区共140个初中班级的调查,学生主要来自贫困家庭)。Michael S. Knapp, Patrick M. Shields, and Brenda J. Turnbull, *Academic Challenge for the Children of Poverty: The Summary Report* (Washington, DC: U. S. Department of Education, Office of Planning, Budget, and Evaluation, 1992).

⑥ Chris Lehmann, "Education is Broken," presented at TEDxPhilly, 2011.

⑦James Danckert, "Chronic Boredom May Be a Sign of Poor Health" (originally published as "Descent of the Doldrums"), *Scientific American*, July 17, 2013.

⑧ John M. Bridgeland, John J. Dilulio Jr., and Karen Burke Morison, *The Silent Epidemic: Perspectives of High School Dropouts*, Civic Enterprises in association with Peter D. Hart Research Associates for The Bill & Melinda Gates Foundation (March 2006).

⑨Robert Balfanz and Nettie Legters, "Locating the Dropout Crisis: Which High Schools Produce the Nation's Dropouts? Where Are They Located? Who Attends Them?" Center for Research on the Education of Students Placed At Risk, Report 70 (September 2004).

⑩Caralee Adams, "ACT Report Finds Students' College Readiness Doesn't Meet Aspirations," *Education Week*, April 21, 2013.

⑪ The 2009 High School Survey of Student Engagement conducted by the Center for Evaluation and Education Policy at Indiana University.

⑫ Fred M. Newmann & Associates, *Authentic Achievement: Restructuring Schools for Intellectual Quality* (San Francisco: Jossey-Bass, 1996).

⑬Judith L. Meece, EricM. Anderman, and LynleyH. Anderman, "Classroom Goal Structure, Student Motivation, and Academic Achievement," *Annual Review of Psychology* 57 (2006).

⑭ M. J. Dunkin and B. J. Biddle, *The Study of Teaching* (New York: Holt, Rinehart 8c Winston, 1974). 另见 Jere E. Brophy and Thomas L. Good, "Teacher Influences on Student

Achievement," *American Psychologist* 41: 10 (1986)。

⑮研究显示，项目式学习课堂中的学生比传统课堂中的学生成绩更好。Tali Tal, Joseph S. Krajcik, and Phyllis C. Blumenfeld, "Urban Schools' Teachers Enacting Project-Based Science," *Journal of Research in Science Teaching* 43: 7 (2006).

⑯ "The Quest for Deep Learning and Engagement in Advanced HS Courses," Knowledge in Action, the University of Washington College of Education, the Bellevue Schools Foundation.

⑰例见 Johannes Strobel and Angela van Barneveld, "When is PBL More Effective? A Meta-synthesis of Meta-analyses Comparing PBL to Conventional Classrooms," *Interdisciplinary Journal of Problem-based Learning's*: 1 (2009)。

⑱Vanessa Vega, "Research-Based Practices for Engaging Students in STEM Learning," Edutopia, accessed October 31, 2012, www.edutopia.org/stw-college-career-stem-research.

⑲Brigid Barron and Linda Darling-Hammond, "How Can We Teach for Meaningful Learning?" *Powerful Learning: What We Know About Teaching for Understanding* (San Francisco: Jossey-Bass, 2008).

⑳Howard Gardner, *Extraordinary Minds: Portraits of 4 Exceptional Individuals and an Examination of Our Own Extraordinariness* (New York: Basic Books, 1997).

㉑相关研究包括一项 40 年的长期调查，调查对象是夏威夷考艾岛 210 名适应性强的儿童。研究者发现了他们的共同点：所有适应性强的儿童都在幼年时期与至少一位看护者建立了亲密关系；看护者不一定是父母，有时候可以是祖母、姐姐，或者家庭中的其他亲属。参见 Emily E. Pherner, "High-Risk Children in Young Adulthood: A Longitudinal Study from Birth to 32 Years," *American Journal of Orthopsychiatry* 59: 1, 72-81 (1989)。

第三章　情境化

让科目彼此相关，联系实际

我们当中，有任何人是以割裂的方式生活在割裂的世界中的吗？比如，我会说"我现在要装修房子的数学部分，45分钟以后要装修房子的科学部分"吗？……当事物失去联系时，它们就失去了目的和意义。

——苏珊·麦克雷，卡斯科湾高中英语教师

当学生面对真实经验，而不是虚拟经验时，就有了学习的情境。

——戴安娜·劳芬贝格（Diana Laufenberg），科学领导学院美国史教师

登山纪录片

4月的一天凌晨4点钟,在缅因州的波特兰市,卡斯科湾高中的57名学生、4名老师和5名家长挤进一辆校车和几辆小货车,踏上一趟为期64小时的旅程,前往西弗吉尼亚州阿巴拉契亚山脉中一座只有一条街的小镇富兰克林。

这是"三年级之旅"项目的一部分。学生要在"人间天堂仁人家园"(Almost Heaven Habitat for Humanity)的乡村旅社逗留一周,排队入住保留地家庭,采访当地居民和拍照采风。他们的目标是制作一部反映阿巴拉契亚山区贫困状况的多媒体纪录片。他们的任务即使对专业的成年人来说也不容易,而且这些年轻人中大多数从来没有离开过缅因州,而西弗吉尼亚州的乡村与缅因州的郊区有着天壤之别。

不过,对他们有利的是,孩子们做了专业、细致的准备。过去两年中,孩子们跟他们的老师一道花了很多时间为这趟旅行做准备,包括用五周时间学习了关于视频采访和南方文化的速成课。专业的纪录片制作人教他们使用摄影机和麦克风、进行启发性访谈。在人类学课上,他们学习了蓝草音乐,了解了煤矿社区,看到了化石燃料是如何在工业革命期间变得对制造业至关重要的。在英语课上，他们阅读了描写贫困的小说，包括《愤怒的葡萄》（*The Grapes of Wrath*）和《凝望上帝》（*Their Eyes Were Watching God*）。在化学课上，他们了解了碳循环和燃煤是如何产生温室气体的。

在学习了气候变化的机制之后，学生经过深入研究，提出政策建议——从发展潮汐能到对液压破碎法加以管制，并正式提交给波特兰市中心的环境专家小组。

在这个过程中，学生还有充分的机会参考两个问题以反思学到的内容："一个面临资源枯竭和经济衰退的社区如何维持生存？"和"你这一代人会给后代留下什么影响？"幸运的是，到这时所有人都已经习惯了团队合作，他们共同募集了4万美元经费，并为旅行制订了后勤保障计划。他们的英语老师和探险队长苏珊·麦克雷把这个过程比作登山。

"当你身处山区，一切都是如此真实，充满紧迫感、生命力和发自内心的目的感。"她对我们说，"我们就像身处山区时一样从各个角度探索事物，因为现实世界就是这样运行的。跟在大多数教室里不一样，世界上的一切都是相互联系和多面的。当你给孩子机会以这种方式探索世界，他们不仅会表现得更积极，还有机会进行更深入的思考。"

万物皆联系

上一章，我们强调了积极参与的学习经验的重要性。在接下来的部分，我们将探讨一种让学习更有意义的特别有效的方式，即让科目内容更完整、更相关。

全美国的高中生都在抱怨，不明白为什么要学习那些在"现实生活"中从来都不需要的东西。但是，在倡导深度学习的学校，你不会听到这样的抱怨。在这些富有创新精神的学校，课程经过了战略性的精心整合，学生在一门课上学习的内容在另一门课上也是有意义和可以应用的。而且，老师经常提醒学生他们正在学习的东西与现实世界的关系，在布置作业时特别强调"现实"。我们将在下一章中看到，老师会直接让学生走进现实，或者将现实带入课堂，让现实生活成为学习过程的一个组成部分。

遗憾的是，这种学习方法在传统的美国学校还不多见。亚特兰大的一位学校管理者泰勒·S. 西格彭（Tyler S. Thigpen）把传统范式称为"以科目为中心的方法"，"重点在于获取知识、培养各科目的能力，以及提高学习成绩"。正如西格彭所说，在这种学习观下，理论上，掌握数学、科学和英语就让学生为他们的未来做好了准备，然而事实刚好相反，这只是让他们在对现实世界完全不切实际的预期之下接受训练。①

"我们当中，有任何人是以割裂的方式生活在割裂的世界中的吗？"卡斯科湾高中的苏珊·麦克雷问道，"比如，我会说'我现在要装修房子的数学部分，45分钟以后要装修房子的科学部分'吗？……当事物失去联系时，它们就失去了目的和意义。"

矫正之道就是西格彭所说的以关系为中心的战略②：通常，课堂目标都明确地与现实世界相关，学生要面对跨越科目界线的现实问题，比如核扩散或饥饿问题。

卡斯科湾高中无疑采取了这种方法。有一个为期9个月的课程单元，叫作可持续性与资源消耗。这个单元将三年级的课程整合为对贫困乡村社区和化石燃料依赖的综合调查，包括阿巴拉契亚山的校外拓展，最后让学生提交政策建议、纪录片视频和进行公开演示。"每件事情都有关联。"麦克雷说，"每件事情都很重要，我们一直在设法帮助他们看到其中的联系。所有这些都是一个整体，所以他们能看到、感受到他们所做的一切的意义和目的。"

神经系统科学家已经证明了这种学习的力量：当记忆彼此联系并且对个人有意义时，更容易保留下来。③跟上一章介绍的项目式学习一样,研究显示,正确地整合科目能够增进学生的参与和理解,提高学习成绩。④

失落的环节

改变从来都不容易。我们知道,传统学校现行的教学方法是各个科目彼此孤立的,向我们提倡的以关系为中心的模式转型将是一次巨大的转变。其中最大的障碍就是大多数美国学校的组织结构和运行方式。传统的、自上而下的模式让老师很少有时间进行团队合作,而要制订相互联系的学习计划(以及追求其他有价值的目标),团队合作是最基本的要求。实际上,传统学校的老师总是说,他们一天到晚除了上课,批改作业,处理学生、家长和学校行政人员的特殊需求,就没什么时间了。

琳达·达林-哈蒙德发现,美国老师平均每周只有三到五个小时的备课时间,而且还要靠他们自己挤出来。相反,在其他工业化国家,包括法国、德国和日本,老师平均每周有十到二十个小时的时间一起备课、互相听课、与家长和学生单独会面。⑤

这更类似我们在深度学习学校看到的情况:老师每天有一些固定日程,由于学校的基本政策是让学生花更多时间独立学习或者参与团队合作，老师剩下的时间自然就空了出来。我们采访的老师表示，这种相对灵活的日程是让他们更积极、更成功的最重要的原因之一。

我们发现，老师们经常按照年级或科目组织会议，共同为合作项目努力。除了这些会议，全体教师还要参加不定期的研讨会，讨论即将到来的重要活动。

在国王中学，同年级的老师隔天开一次会，每次70分钟；每周三下午学生提前放学，也是老师一起工作的时间。除此之外，每学年开始之前，国王中学的老师要参加为期五天的"领导力峰会"，分享各自的教学经验。

类似地，在阿瓦隆中学，老师每周开两次早会，共计75分钟。在高技术学校，老师每天在学生到校之前都要开一个小时的会。在我们访问的许多学校，老师们经常一起吃午饭，有意识地增加他们的合作时间。在卡斯科湾高中，西班牙语教师南希·哈格斯特伦（Nancy Hagstrom）告诉我们："如果你认为到学校上班，就是走进你的教室，关上门，一整天都看不见其他老师，也不跟他们说话，那么这所学校不适合你。"

这些特色鲜明的工作方式给老师提供了灵活性和时间，支持他们加强彼此之间和与学生之间的沟通，而这正是专业学习社团（PLCs）的基本要素，为全方位的深度学习创造了环境。

让问题做向导

在加州海沃德市的艺术与技术影响力学院，一名学生向我们讲述了他是如何在老师的推动下投入探究式学习的。他的老师似乎永远不会满足于简单的问题。"一切都要问为什么。"这个学生说，"你给出一个答案，老师会问为什么。你的信息是从哪儿来的？你为什么这么想？你不能说'不为什么'。你必须给出证据。你必须有答案……你要写出一篇五段的论文，有五页纸那么长，因为他们一直在问你为什么。"老师自己也是这样做的，他们也用类似的方式彼此激励，从而设计出能够帮助学生以最有意义、最高效的方式学习的整合课程单元。

在设计类似卡斯科湾高中的深入阿巴拉契亚山这样的跨科目课程单元时，一开始，老师们通常先坐下来讨论：为了追求深度学习的关键目标，与本学年要学习的课程相关的最有意思的问题是什么？什么问题能够最有效地调动学生的批判性思维？什么问题能够激励他们做出有意义的研究，学会评估证据？学生怎样把在一门课上学到的东西应用于另一门课？他们如何用学到的知识解决现实问题，提高解决问题和沟通的能力？

前面提到过国王中学的"发电"课程单元,我们看到了老师们是如何在合作中提出这些问题、设计课程框架的。接下来,在英语课上,老师已经准备好帮助学生把他们在科学课上得到的家庭能源审计结果写成报告。数学老师教他们如何计算碳足迹,即他们的日常活动使用了多少化石燃料。开始在科学课上制作风力发电机之后,英语老师再次跟他们合作,这一次是帮助他们撰写一篇五段的论文,根据学到的关于温室气体的知识和大型风力发电机组选址对社区的潜在影响,阐述自己的观点——支持或者反对风力发电。

老师们通过提出两个问题,将国王中学的八年级学生在这门为期十周的课程中学到的一切联系在一起:"我们如何开采和利用自然界中的能源?"和"你能如何改变自己的能源消耗,为世界做出贡献?"

"这之所以构成深度学习,是因为学生将各个方面的问题联系在一起,看到利用替代能源的广阔空间。"国王中学的社会研究教师马克·热尔韦(Mark Gervais)告诉我们,"在社会研究课上,他们了解了风力发电机组的选址及其原因;在英语课上,他们学会了如何说服别人,而不只是大喊大叫。"

克利夫兰市的 MC2 STEM 高中也采用类似的战略。它们用一种被称为"顶点"的专题课将不同科目联系在一起,每次历时三个月。例如，新生有一门叫作"桥梁"的专题课。在数学课上，他们用三角函数工具理解桥梁的结构和稳定性；在英语课和社会研究课上，他们阅读莎士比亚的《罗密欧与朱丽叶》（思考罗曼蒂克的爱情是如何为两个家族架起桥梁的），探索桥梁的历史和隐喻，了解美国民权运动如何作为通往更公平的社会的桥梁，在历史上发挥了不可或缺的作用。"桥梁"课还包括参观克利夫兰地区真实桥梁的田野调查。在工程学课上，学生有机会利用物理和工程原理建造桥梁模型。

十年级有一门专题课叫作"启蒙时代"，学生要在英语课上阅读柏拉图的"洞穴寓言"，在科学课上设计和制作一个"灯箱"。研究字面意义上的光与影，让学生更加深刻地理解了柏拉图关于逻辑与推理的寓言。MC2 STEM 高中的校长杰夫·麦克莱伦说，"顶点"的概念已经被证明非常有效，埃及教育部长最近宣布埃及全国的中学都要效仿这一模式。

在费城，科学领导学院也采用类似的专题课在科目之间建立联系——略有不同的是专题课本身也是相互联系的，覆盖面相对更广。例如，新生的专题课是"身份与自我"，二年级的专题课是"自我与系统"，三年级是"自我与系统的改变"，四年级是"创造"。这些专题课为教学内容提供了情感脉络，比如十一年级学生要学习的美国政治制度的演变。戴安娜·劳芬贝格告诉我们,她在教授"政治参与和选举权"这门课时,向学生介绍了黑人和妇女等以前被排除在外的群体是如何获得投票权的,她会提出诸如此类的问题:"历史上,投票权对国家的发展有什么影响?""个人在选举过程中的作用是什么?"

"我们探讨历史上选举制度与个人之间的互动。"劳芬贝格解释道。她还特别补充说,她会在历史与学生现在的生活之间建立联系,"政治家的决策会影响每个人的日常生活,理解如何用信息武装自己、从系统内部做出改变是非常重要的"。

劳芬贝格的学生熟悉投票规则和选举团的演变之后,就尝试应用他们学到的知识提出一条宪法修正案,改变选举规则的一个方面,来使选举过程更民主,比如投票年龄、选举团的结构、投票资格,或者公民被剥夺选举权的条件。学生以团队合作的方式推敲修正案的语言,撰写论文来支持他们的选择。他们还要为通过修正案出谋划策,预测可能获得哪些人群的支持,可能遭遇哪些批评、应该如何回应,最后还要为他们的计划设计广播和电视广告。

按照劳芬贝格的安排,这门课刚好在大选日之后结课,目的是激励学生对身边发生的真实选战给予更多的关注。她给学生布置的作业包括在选举日当天观察家门口的投票站。学生们两人一组,带着数码相机和劳芬贝格的介绍信(以及她的手机号码，以备不时之需）采访选民，询问他们的投票习惯，包括他们对投票的对象有多少了解，以及他们相信自己的投票会有多大影响。回到课堂上，学生们分享拍摄的视频，谈论各自的见闻。

劳芬贝格解释说，在投票站采访选民的任务"让投票不再神秘，毕竟不到一年后，这些学生自己就要参加投票了。通过这项作业，学生近距离地观察选举，与邻居谈论选举制度，然后对自己的未来做出反思，思考一个积极的公民应该如何参与民主进程。真实而非虚拟的经历为学生创造了学习的情境，在多个层面上丰富了他们的知识和技能"。

"如果学校就是现实生活呢？"

教育者、家长、政策制定者，甚至学生普遍假设学校应该让孩子们为现实生活做好准备，不管它们与现实生活有多么截然不同。而深度学习学校的老师和校长一直在寻找打破障碍的方法，科学领导学院的校长克里斯·莱曼就提出了这样的问题："如果学校就是现实生活呢？"

我们采访的老师尽一切可能将学生的学习与现实事件联系起来。他们从不回避争议，相反，争议通常是课程的关键组成部分。这不仅让课堂更加刺激,而且让学生有机会实践批判性思维,练习解决问题和有效沟通,帮助他们成为更有知识、更有思想的公民。例如,在高技术学校,人类学和数学教师开发了一个联合项目,将次贷危机和个人负债的增长与数学和社会研究课上的概念结合起来。

跟戴安娜·劳芬贝格在科学领导学院开设的课程一样,我们采访的老师经常将课程与当地、州或全国的选举联系起来。例如,在国王中学,六年级老师设计了一门彻头彻尾的跨科目课程,将学生当时学习的所有课程与2012年的总统大选联系起来。在英语课上,学生设计和制作一张"备忘卡",跟候选人分发给选民的小卡片一样,上面写着他们的个人小传;在数学课上,他们利用选举样本学习基本的统计学概念;在科学课上,他们研究州选战中提出的环境问题;在音乐课上,他们创作关于选举的歌词。

全部80名六年级学生还跟他们的老师参观了民主党和共和党在当地的竞选总部,工作人员向他们介绍选举过程,以及人们是如何设计竞选活动的。学生可以问问题,了解组织者是如何利用志愿者和如何识别可能的选民的。其他日子里,学校邀请嘉宾来做演讲,包括两名在电视节目中出现过的当地著名政治顾问和两名绿党(Green Independent Party)成员,后者介绍了第三党派的发展现状。在课程的实际操作环节，学生深入全波特兰市公共区域的选民登记点，采访选民，分发关于选举行为的调查问卷。

最后，国王中学的学生要合作组织一次全校范围的模拟大选，证明他们学有所成。孩子们组成小组委员会，分别负责制作投票箱、登记选民、制作和分发海报，以及监管投票站。"我们让全校组成一个选举团。"社会研究教师卡罗尔·尼伦（Carol Nylen）解释说，"我们有足够的教室容纳50个州加上华盛顿特区。"

老师把最大的教室分配给加州，最小的几间教室分别给了达科他、阿拉斯加、佛蒙特、华盛顿特区、夏威夷和罗得岛。六年级学生制作了一幅大地图，挂在食堂门口，让学生看到他们的教室代表哪个州。这次选举要选出一位"新总统"、一位"参议员"和一位"众议员"，并确定五个要在全州进行公投的问题。投票结束后，学生用他们在数学课上学到的知识分析数据，按照性别、年级和出生地分解投票结果，并且像现实中的全国大选一样，与全州和全国的投票结果进行比较。

这种程度的课程整合能给学生带来多大的挑战、启发和回报，对教师就有多大的革命性。许多教师在今天仍然盛行的死记硬背的传统教学方法的禁锢之下，跟他们的学生一样缺乏创见。不过，围绕深度学习建立的规范和文化创造了机会，让他们能够与其他老师合作，用一种真正跨科目的方法将学生的学习经验联系起来。无论时间长短、正式还是非正式、课前还是课后，老师为这个目标投入的时间的价值都是无法估量的，应该得到校方从制度上和结构上的支持。前面提到的专业学习社团就是这样诞生的。这是一种职业发展由同行主导、课题由集体商议决定的环境。在这种环境中，老师可以为共同关心的问题努力、分享有效的教学方法、探讨如何尽可能为每个学生创造最有益的学习经验。

在我们访问的学校中，每个老师都要扮演多种角色。我们看到，每个老师都拥有必要的工具（主要是时间和知识）来增强这方面的能力。有了这种专业学习社团的赋权和支持，老师能够保持积极性，对自己指导学生的能力更有信心，同时完成的工作一点也没减少（大部分时间花在制订计划、鼓励学生参与和反思上）。事实上，这一切（特别是高度的自治权）最终反映了许多老师希望学生拥有的能力和特质——成为自主的批判性思考者，学会解决问题和有效地沟通与合作。本质上，在深度学习的过程中，老师的参与是与培养学生的深度学习能力相辅相成的。

专业学习社团、评价和高预期

为了最大限度地激发学生的学习动力，老师不仅要鼓励他们发掘自己的兴趣，而且要尽可能让他们清楚地看到，努力能够帮助他们培养有用的能力。这是格兰特·威金斯（Grant Wiggins）和杰伊·麦克泰格（Jay McTighe）的杰作《追求理解的教学设计》（*Understanding by Design*）的主要观点。他们认为：只有当老师明确地理解了教学大纲背后的理由，更准确地说，即学生完成一门课程或一个项目时需要知道什么、做到什么的时候，学习才真正开始。⑥在我们访问的所有学校，老师都要明确学习的目标，包括他们希望学生获得的知识和技能，以及他们准备采取的评价方式。正如威金斯和麦克泰格所说的："课程设计者的第一个问题不是'我们要教什么以及什么时候教？'，而应该是以目标为导向的，'学习完重点内容之后，学生能用它来做什么？'"⑦

这种方法背后隐含的意义是，老师对学生抱有很高的期待。事实上，已经有研究证明，高期待本身就是一种非常有效的教学方法，更何况老师还会提供足够的支持。⑧这被称为皮格马利翁效应。皮格马利翁是奥维德笔下的古希腊神话中的人物，他爱上自己创作的雕像，最终打动爱神，爱神赐予雕像生命。皮格马利翁效应指的是，人们可以将一个形象投射到其他人身上，从而对他们产生影响，即使在有些情况下，这个投射的形象根本不符合现实。研究显示，老师经常对学生做出自我实现的预期，因为学生会对微妙的，或者有时候也没那么微妙的信息作出解读。1968年，罗伯特·罗森塔尔（Robert Rosenthal）和丽诺·雅各布森（Lenore Jacobson）的研究第一次揭示了这个现象，并引发了大量的后续研究。这两位心理学家告诉老师，他们的学生中有人在智力测验中表现优异。尽管这是一个不真实的信息，但是它影响了老师对学生的预期，甚至进而影响了学生未来的智力发展。①（老师下意识地在那些他们抱有最高期待的学生身上投入了更多的时间和精力。）

特别令人担忧的是，无论是否在研究者的指导之下，老师显然时刻都在对学生的能力做出这种判断，有时候会因为最不公平的原因影响到学生的未来。天普大学（Temple University）的教育心理学家妮科尔·S. 瑟尔哈根（Nicole S. Sorhagen）最近对十个城市进行的跟踪调查显示，老师的预期会产生多大影响因学生的家庭收入而异。瑟尔哈根在《教育心理学杂志》（*Journal of Educational Psychology*）中写道：

> 一年级时，老师对学生15岁时的数学、阅读理解、

词汇知识和语言推理标准化考试成绩做出了不准确的预期。学生的家庭收入和老师对学生的数学与语言能力的错误认知之间存在显著的相关关系，即老师高估或低估学生的能力，对低收入家庭的学生比对富裕家庭的学生影响更大。⑩

我们采访的老师可能并不了解这项研究的具体细节，但是他们普遍认识到了这种潜在的危险，有意识地向所有学生传达高度的期待。在MC2 STEM高中，一种特别有效的方式就是它们的评价体系，学生要获得学分就必须达到"掌握"的程度。对应各州的标准，这里的"掌握"意味着九、十年级不低于90分，十一、十二年级不低于70分。掌握学习体系最早是由本杰明·布鲁姆（Benjamin Bloom）在1968年提出的，他认为设定这样的标准有助于缩小学生的成绩差距。⑪实际上，向学生传递的信息是严格、明确和鼓舞人心的：他们再也不能得过且过了，要么得A，要么得F，没有中间地带。老师期待学生全都为了得A而努力。

MC2 STEM高中大约一半的学生能在前三年完成所有需要"掌握"的课程。如果学生在某一个特定的项目上没有达标，他不需要重修这门课，下一位老师会继续指导他，直到他在以后的项目中达标为止。布鲁姆提出这个概念之后，其他研究者已经提供了证据，表明这套体系的确能够提高学生的成绩。即便如此，将其付诸实践的学校仍然很少。掌握学习法的倡导者说，老师只要多花10%到20%的时间就能应用这套方法，但是很多老师说他们已经疲于奔命了。[12]然而，正如本书介绍的学校所证明的，学校层面的设计才是向掌握学习法这类要求更高的全新评价体系转型的关键。传统的教学安排和普通的教学方法可能认为这种评价体系过于烦琐，但是设计更灵活的学校能够为老师提供必要的支持，让他们用更复杂、更有意义的方式评价学生的学习情况。

在我们考察的案例中，老师们还有其他方法向学生传达高期待。许多老师在学生开始新项目之前，会把以前学生的高水平作品作为榜样展示。例如，在科学领导学院，戴安娜·劳芬贝格在关于投票和选举的项目开始时会给出往届学生精心设计的采访问题，供现在的学生设计他们自己的问题时参考。

按照惯例，开始新冒险的学生会拿到一份量表———项评分工具，他们承担的每一个项目都有一套评价标准。老师告诉我们，他们相信量表不仅能让学生更有责任心，还能时刻提醒老师和学生项目的目标。他们还通过在整个过程中不断问问题来激励学生。

"学习目标"也发挥了类似的作用。老师的指导就包括经常在显著位置展示和重复这些概念化的问题和目标。例如，在国王中学，制造风力发电机的八年级学生能看到墙上的海报，清楚地写明他们的任务："我知道如何通过实验和设计，制造一台风力发电机，满足具体的设计标准并且能够发电。"此外，每节课结束时，一些老师会让学生填写问卷，就他们刚刚学习的内容回答一个问题，来对学生进行非正式的评价。

卡斯科湾高中的老师也以类似的方式利用学习目标。化学课"化石燃料"单元的整体学习目标是："我能描述煤炭对环境的影响。"老师还期待学生能够回答这个问题："我们如何摆脱对化石燃料的依赖？"在学习化学元素和化学反应对气候变化的影响时，其他学习目标包括："我能描述碳循环及其对增加或减少大气中二氧化碳的重要性。""我能描述温室效应。""我能描述煤炭是如何形成的、有哪些不同类型。"

学习是一趟旅程

实事求是地说，在我们了解到的所有整合项目中，卡斯科湾高中的"三年级之旅"格外有魄力。我们将在这里介绍相关细节。再强调一遍，介绍这个案例不是将其作为必须严格遵守的规范，而是让人看到这样做是可能的，以及面对超高的期待,许多学生会做出什么样的反应。

项目一开始是独立的,类似某种扩展式的田野调查,与学年中的其他课程无关。然后,苏珊·麦克雷告诉我们,老师们意识到,他们可以围绕这趟为期一周的旅程设计所有课程,即将到来的冒险之旅就是诱饵——为学习提供了额外的动力。与此同时,通过参与必要的筹款活动,学生能够获得合作、解决问题和发挥创造性的真实经验。

从二年级开始,每个准备参加"三年级之旅"的学生都要负责为旅程筹款,并且要承担自己的旅行开支。老师们知道,由于半数学生来自贫困家庭,不是所有人都有能力负担旅行的费用。不过,这成了对某件事情负责的学习经验的一部分。连那些享受免费午餐的孩子都要支付至少125美元。他们有一年多的时间来筹集这笔钱。"期待是针对孩子的,而不是家长。"南希·哈格斯特伦说,"大多数孩子想出了办法,我们告诉他们,如果遇到困难就来找我们。有些学生最后签约在学校里打零工,每周挣10美元。"

每年有两名二年级学生负责协调全班的筹款活动,其他学生志愿承担特定的任务,比如做广告和利用社交媒体做宣传。在小组讨论或者咨询时间中,学生开展头脑风暴,设计了抽奖、旧货市场、漂流瓶和舞会马拉松等活动。我们所有的示范学校都从一年级起就建立了强大的学校社团，孩子们出于对学校和彼此的责任感而努力，这降低了筹款的难度。与此同时，学校声誉在更广泛的社区中不断提高，也在一定程度上让筹款任务变得更容易，特别是近年来，一些重要赞助人拨付了大笔款项支持这趟旅行。

建校八年后，卡斯科湾高中从社区获得了特别优待，但一开始可没有这么顺利。波特兰市还有两所规模更大的中学，二者都拥有悠久的历史和忠实的拥趸。麦克雷和哈格斯特伦生动地回忆了卡斯科湾高中刚刚建立时，本地报纸是怎么唱反调的。

麦克雷说："他们说我们是闹着玩的自然之友，毫无学术严谨性。""部分原因是人们害怕新模式。"哈格斯特伦回忆说，"毫无疑问，还有一种我们从其他学校窃取了资源的感觉。这当然不是真的。人们总是害怕自己不了解的东西，我们又是如此与众不同。我们花了好几年的时间证明自己干得不错，用我们的方法让孩子们取得好成绩、考上大学，而且真的爱上学校。"今天，这所学校因其强大的社团、冒险式的学习和精心设计的课程而拥有众多仰慕者，申请入学的学生排起了长队。一名二年级转学进入卡斯科湾高中的学生告诉我们："在我原来的学校，你只能从课本上学习，什么也记不住。在这里，你要依赖学到的一切,必须记住它们,因为它们对你很重要。"

在春季的西弗吉尼亚之旅中,学生们依照惯例,把采访和社区服务结合起来,帮助无家可归者建造房屋。他们上午做木工活,下午到周边探险、观察和拍照,最后,坐下来跟在保留地定居的家庭交流,提出事先准备好的问题。

学生以小组为单位,轮流承担采访、拍照、记笔记和录音的任务。到这时候,他们已经习惯了团队合作,不过这次经历会以前所未有的方式考验他们的能力。许多学生一开始担心自己没有能力应对这个挑战。哈格斯特伦告诉我们:"有一天晚上,一个印象中非常镇定、自信的学生崩溃了,说她害怕极了,不知道到那儿以后应该做什么。"

老师不直接参与采访,但他们会在旁边提供支持。除非能力差距过大、身体条件不允许,或者在个别情况下受到处分,所有学生都可以参加旅行。(卡斯科湾高中有15%的学生存在学习障碍,应该接受特殊教育。)每次旅行开始前,每名学生都必须签署一份纪律合约,理论上,任何违反规定的人要被送回家,费用由其家长承担。不过,哈格斯特伦告诉我们,直到今天还没有发生过这样的事。相反,她和麦克雷说,她们在旅行中看到很多人取得了明显的进步。

"有一年,我指导的一个学生确实有学习障碍,几乎不能读写。"哈格斯特伦回忆说,"他总是惹麻烦,上课时就在走廊里闲逛,最后被叫到校长办公室。他有注意力缺陷多动症和其他严重的学习障碍,而且家庭拮据,问题非常棘手。但是我们一到新奥尔良,他简直如鱼得水。我们为在卡特里娜飓风中失去家园的人盖房子,他表现得太棒了。建筑工人注意到了他,让他当头儿。他非常高兴,决定留下来继续工作,而不是跟我们去参加计划好的娱乐活动。我想,通过这次旅行,他知道了自己高中毕业后能够做一些有用的事。"

老师要确保孩子们有足够的时间讨论和反思每天的全新经历。他们告诉我们,在2011年的西弗吉尼亚之旅中,晚餐时学生们总是在热烈地讨论采访到的人。例如,一组学生采访了一个无家可归的女人,因为离开了家暴的丈夫,她和孩子们需要一个新家。"我们没想到会是这样。"一个学生说,她还说,她觉得自己必须努力"做一个倾听者,而不是一个入侵者,去聆听她的故事。出发前,麦克雷夫人就是这样告诉我们的"。

晚饭后,学生分小组进入不同的房间,回顾一天的工作。一个小组围着笔记本电脑看照片,另一个小组阅读采访笔记。老师在各小组之间转场,提出诸如"到目前为止的故事线是怎样的?接下来你要问什么?"之类的问题。南希·哈格斯特伦认为,阿巴拉契亚之旅的重点不是让学生了解贫困——很不幸，大多数学生对贫困再熟悉不过了；相反，重点是让他们深入理解文化和社区的概念，特别是在他们不熟悉的地区，更重要的是，让他们有机会走出自己的生活，去帮助别人。她相信，这种经历会产生深刻的影响。

事实上，哈格斯特伦注意到，她的一个学生最近在暑假期间回到西弗吉尼亚去做志愿者。她说："大多数孩子回来后，明白他们能够做出改变。对一些孩子，这意味着改变他们自己的生活，比如，他们开始真正参与学习，或者哪怕是坚持出勤。对另外一些孩子，这意味着改变他们的学校社团、与班上的其他人交朋友、帮助别人、在学校活动中志愿服务。"

麦克雷说，每年的旅行都能在学生内部和学生与老师之间建立更强有力的纽带。"老师跟学生分享经验，这让他们变成真正的人。"她说，"当我们回到教室中，学生和老师之间的相互尊重又上了一个台阶。"考虑到前方还有更多极具挑战性的项目，这可以说是一个意外之喜。

西弗吉尼亚的旅行者回到缅因州后，每个人都要写一篇采访到的西弗吉尼亚居民的口述史。然后，从每个人的口述史中取材，以团队合作的形式完成一份三分钟的个人生平简述。然后，每个人朗读自己的部分，用录音设备录下来，加上照片和采访片段，拼凑出整个故事。学生在课堂上花费若干小时准备他们的故事，包括独立完成和团队合作的部分。麦克雷在英语课上帮助他们写草稿、组织和修改脚本。然后，学生们以小组为单位，轮流大声朗读其他人的草稿。

在这个过程中，我们听到许多鼓励性的评价，比如："我们要用你的开场白，太美了！""我喜欢你对他们如何拯救那个女人的描写。"在我们看来，孩子们显然与他们的采访对象有着深厚的感情，经常把采访对象称为上天送给他们的礼物。

麦克雷给我们讲了一个采访"改变"学生的故事。这个女生采访了一名越战老兵，他的妻子在结婚五十年后离开了人世。女生的父亲几年前去世了，所以她很想知道这个老人是如何承受这种打击的，为什么他能如此坚强。麦克雷回忆说，女生采访回来时"眼泪汪汪的——我到现在还记得她坐在教室的地板上，盯着屏幕，琢磨怎么把这个故事写出来的样子"。后来，女生把自己的经历写成了一篇文章，作为大学入学申请的一部分提交。跟她的录取通知书一起送来的，还有一张招生负责人手写的便条，说她的故事深深地感动了他。

在麦克雷看来，让孩子们去当"纪录片制作人"、向陌生人提出私密问题，最重要的回报在于："让他们思考自己想如何度过人生的现实问题。你要去学习，得到一个故事，然后你的任务是让这个故事有意义。在这个过程中，你一定会认识到生活是有意义的，你自己的生活也应该而且能够有意义，而且你有能力去塑造这个意义。三年级是最好的时机，他们刚刚开始考虑离家之后的人生。我们总是在说要给他们职业意识。这对他们有更深刻的影响。"

最后，卡斯科湾高中的三年级学生一共制作出15部三分钟纪录片，连在一起，在波特兰市中心的纪录片研究中心索特画廊（Salt Gallery）的晚会上放映。观众超过200人，包括家长、学生、"仁人家园"波特兰分会的志愿者，以及其他被新闻报道吸引来的波特兰市民。晚会上，学生和老师共同演奏蓝草音乐，最后由两名学生合唱《乡村之路》。

然后，麦克雷把DVD寄到西弗吉尼亚。接下来的一周，保留地志愿者中心为采访对象、志愿者和其他社区成员举办了一次聚会。麦克雷说："保留地协调员后来给我寄了一张便条，说她看片子时感动得泪流满面，因为它展现了这里的人们的一切——他们的坚强和力量。即使在跟他们共事了这么多年之后，她都没有真正意识到这些。"

麦克雷是卡斯科湾高中的创校教师之一，也是"三年级之旅"最初的策划者，在设计所教授的项目时总是充满创意。2005年来到波特兰之前，她是一位拓展训练的教练，她认为自己鼓励孩子把学习看成一场冒险的能力就得益于这段经历。她的第一份教职是在纽约南布朗克斯区的公立学校，在那里，她带领孩子们到处探险，他们去曼哈顿下城的港口里停泊的一艘高桅帆船上爬过缆绳，也在哈德逊河里划过船。

"如果你想改变一个年轻人的生活，就要为他提供真实的体验。"她说。（我们上次跟她谈话时，她正在计划访问2012年风暴过后新泽西桑迪岬的居民。）麦克雷坚信，要深入现实世界或者让教育有意义，并不需要坐上10小时大巴、花上4万美元。"只要看看你的课程表，看看你都需要教些什么，找出什么是重要的。"她建议说，"找出学生愿意做而且有意义的东西。不一定是一场大冒险。可以是像给编辑写一封信这样简单的小事。窍门就是找到重点，做你力所能及的事。"

深度学习蓝图

● 有证据支持这一事实：当课程内容经过整合、与个人密切相关时，学习的效果更好——学生能够更快、更牢地记住学到的内容。即便如此，大部分传统学校的各个科目还是彼此孤立的。

● 通过整合科目并将其与现实问题联系起来，而不是采取只重知识、不重应用的孤立的教学方式，老师能够让学习更有意义、更有效。

● 明确向学生传达高期待的老师能够更好地鼓励学生满足他们的期待。

● 专业学习社团让老师能够整合科目，每天留出备课和合作的时间。（学校、地区和州各级）管理者应该为老师提供支持，为这种教学方法扫清障碍。

注释：

①Tyler S. Thigpen, "Taking a Relationship-Centered Approach to Education," *Education Week*, September 18, 2013, www.edweek.org/ew/articles/2013/09/ll/03thigpen.h33.html.

②同上。

③ Mary Helen Immordino-Yang and Antonio Damasio, "We Feel, Therefore We Learn: The Relevance of Affective and Social Neuroscience to Education," *Mind, Brain, and Education* 1:1 (The International Mind, Brain, and Education Society and Blackwell Publishing, 2007).

④多项研究显示，跨科目课程有助于学生参与和学习。参见 Leah Taylor and Jim Parsons, "Improving Student Engagement," *Current Issues in Education* 14:1 (2011)。特别是，

多项研究显示，将科学与阅读理解和写作课程相结合能够增进学生对科学和英语两个领域的理解。例见 P. David Pearson, Elizabeth Moje, and Cynthia Greenleaf, "Literacy and Science: Each in the Service of the Other," *Science* 328: 5977, 459 – 463 (2010)。

⑤ Linda Darling-Hammond, *Only a Teacher: Teachers Today*, PBS Online, accessed on October 17, 2013, www.pbs.org/onlyateacher/today2.html.

⑥Jay McTighe and Grant Wiggins, *Understanding by Design* (Alexandria, VA: ASCD, 2005).

⑦Jay McTighe and Grant Wiggins, "From Common Core Standards to Curriculum: Five Big Ideas," *Granted and...* (blog), September 19, 2012.

⑧Ross Miller, "Greater Expectations to Improve Student Learning," *Greater Expectations National Panel*, Association of American Colleges and Universities, November 2001. See also Jere E. Brophy and Thomas L. Good, "Teacher Behavior and Student Achievement" in Merlin C. Wittrock, ed, *Handbook of Research on Teaching* (New York: Macmillan, 1986).

⑨ Alix Spiegel, "Teachers' Expectations Can Influence

How Students Perform," *NPR: Morning Edition*, audio podcast, September 17, 2013.

⑩Nicole S. Sorhagen, "Early Teacher Expectations Disproportionately Affect Poor Children's High School Performance," *Journal of Educational Psychology* 105: 2, 465 – 477 (May 2013).

⑪Vega, "Research-Based Practice for Engaging Students in STEM Learning."

⑫Lowell Horton, "Mastery Learning: Sound in Theory, But...," *Educational Leadership* 37: 2 (November 1979).

第四章 延　伸

跨越学校围墙的网络

"在普通的学校里，你为了考试而学习，仅此而已。但是，在 MC2 STEM 高中，获取信息是一件激动人心的事。"

——安德烈亚·莱恩，俄亥俄州克利夫兰市 MC2 STEM 高中毕业生

大开眼界

费城的科学领导学院坐落在一座翻新的办公楼中。这座建

筑已经失去了昔日的光彩。没有体育馆和礼堂。但是,每天学生都会来到三个街区以外的富兰克林研究院(Franklin Institute),这是一座宏伟的19世纪建筑,拥有享誉世界的科学博物馆,是用本杰明·富兰克林的名字命名的。孩子们爬上宽阔的石阶,穿过巨大的哥特式圆柱和厚重的玻璃门,进入知识的殿堂。

2006年,一项独具匠心的设计被实施,本杰明·富兰克林科学博物馆与费城学区联合创办了科学领导学院,它们成为学院的创始合伙人。今天,作为合作成果之一,科学领导学院的学生有机会参加由富兰克林研究院的学者讲授的"迷你课程",主题从免疫学到天文学、从计算机编程到产品设计,可谓包罗万象。博物馆的先进技术展有大量可以亲自动手操作的展品,让课题活了起来,包括一个演示循环系统的巨大心脏模型、一台解释传动机制的大型蒸汽机,以及一个模拟的地球轨道空间站指挥中心。富兰克林研究院的一位化学工程师讲授的法医学课程大受欢迎,课上学生要用紫外光检查一面墙上喷溅的假血迹。编程专家指导孩子们自己制作电脑动画和智能手机应用程序。

科学领导学院有大约480名学生,学生来自整个费城。近70%的学生是有色人种,一半学生来自贫困家庭。学生们取得了出人意料的成功,这在很大程度上得益于学校与富兰克林研究院的战略性合作,科学领导学院的学生在州统考中遥遥领先,83%的学生数学成绩达到"熟练"以上,85%的学生阅读成绩达到"熟练"以上。2012年,科学领导学院的毕业率达到93%,相比较之下,该学区的平均毕业率只有55%,该州的平均毕业率是83%。[1]

伙伴的力量

全美国真正践行深度学习的学校拥有一项关键能力,即战略性地运用伙伴关系来支持学生的愿景。在美国,学校和企业及社区组织之间的伙伴关系不是什么新鲜事,但预算收紧的时代意味着学校更有动力、也更迫切地需要利用外部资源,扩展自己的边界。

虽然已经有成千上万的学校与外界缔结了某种形式的伙伴关系,但是很多学校都错误地把伙伴当成局外人,跟它们保持距离,将它们的作用局限于写评语或者赞助实习,或者派员工来参加学校的职场体验日。结果是,在合作为真正的学习提供帮助这件事上,还有很大的空间,甚至是空白点。

相反,深度学习学校以创造性、非传统的方式深入社区,利用资源，寻找导师，最重要的是开阔学生的视野。虽然各种类型的学校都能加入这种联盟，但是在以 STEM 学科，即科学、技术、工程和数学为导向的学校中，成效更加显著。美国孩子在这些学科上严重落后于工业化国家的同龄人。与博物馆、高科技企业和大学的创新性伙伴关系不仅为孩子们提供了增长见识的资源，比如普通学校基本不可能拥有的工业实验室，还能提供现实的刺激，激励新一波学生立志从事以 STEM 为中心的职业。

虽然科学领导学院的联络网设定了很高的标准，但是在本书介绍的学校中，还要属克利夫兰的 MC2 STEM 高中在 STEM 学校联盟的道路上走得最远。早在 2007 年，克利夫兰学区就与两家大型机构达成了"嵌入式伙伴关系"：隶属于美国国家航空航天局格伦游客中心（NASA Glenn Visitor Center）的大湖科学中心（Great Lakes Science Center）和通用电气国际照明事业部（General Electric International Lighting Division，以下简称"通用照明"），二者目前都对 MC2 STEM 高中的学生开放。九年级学生到博物馆地下室一间改造过的画廊上课，十年级学生每天到通用照明的企业园区报到。（通用电气与学校签订了一份为期四年的租约，以每年 1 美元的价格将大楼的一半租给学校。这座建筑本来打算作为研究设施，但十年前因为裁员关闭了。）今天，MC2 STEM 高中又有了第三个校区：2013 年，三、四年级学生将到克利夫兰州立大学上学。这些学生大部分时间要在高科技伙伴企业中实习，到大学课堂上听课。

通用照明的社会关系经理和 MC2 STEM 高中联络员安德烈亚·蒂曼（Andrea Timan）说，到目前为止，通用电气在员工志愿时间、GE 基金会资助（GE Foundation Grants）、STEM 实习工资，以及学校的设备用品上投入了超过 86 万美元。"通用照明与 MC2 STEM 高中的伙伴关系是全国的典范。"蒂曼对我们说，"许多公司有能力而且愿意给予学生大笔的捐赠、主办实习或校企合作项目，但是据我所知，将一所高中嵌入通用照明的全球总部是所有伙伴关系中最紧密的。"

通用照明对联盟抱有同样巨大的希望。蒂曼预言，像 MC2 STEM 高中这样的 STEM 学校与它们的伙伴一起，"将对推动未来的经济发展产生巨大的影响"。她说，学生不仅学习了数学和科学知识，而且锻炼了团队合作和创造性思维的能力，从少年时代起就充满创新精神。"现实经验能够降低学生进入职场的学习成本。"她说，"学生提前了解了'公司生活'的节奏，一旦进入职场，他们能够从以前的经验中获益，提高工作效率。"

现在，一场企业与公立学校合作的全国运动正在蓬勃发展，通用照明的伙伴关系就是一个特别生动的例子。对企业和学校来说，结盟的动力都空前高涨。不过，正如前面提到的，在一个经费严重缩水的时代，学校急于补充预算，而企业领导者担心这样的学校不能让学生为现代职场做好准备。

这就是为什么在俄亥俄州的辛辛那提，贝尔公司将罗伯特·A. 塔夫特中学（Robert A. Taft School）改建成了塔夫特信息技术高中（Taft Information Technology High School）；2000年，在高通公司（Qualcomm）前任总经理加里·雅各布斯（Gary Jacobs）的带领下，加州的企业领导者联合起来协助创办了高技术学校。在其他地方的其他学校也经常为了支持特定的项目与企业结盟，尽管这种关系可能没有那么稳固。例如，上一章提到过一个项目：在缅因州波特兰市的卡斯科湾高中，为了让学生为"三年级之旅"做好准备，老师们联系了当地的企业和非营利组织。为了增进学生对阿巴拉契亚文化的理解，老师与缅因大街317号的音乐社区中心（317 Main Street Music Community Center）结成伙伴关系，这是一个总部设在缅因州雅茅斯的非营利组织。中心派出两名成员，为人类学课程提供支持，帮助学生理解蓝草音乐的发展，在课堂上演奏歌曲，证明音乐在保护地域文化中的重要作用。同时，另一个总部设在波特兰的非营利组织索特文献研究所（Salt Institute for Documentary Studies），与卡斯科湾高中的老师合作，训练学生的采访和摄影技能。他们的讲师示范了优秀的采访技巧，鼓励学生思考诸如此类的问题："你如何表明自己愿意向另一个人敞开心扉？""你如何聆听坐在桌子另一头的人讲话，想出下一个问题，引导他讲出自己的人生故事？"在接下来的课程中，学生轮流采访索特文献研究所的主任，最后走上波特兰街头，采访他们遇到的路人。

在波特兰的国王中学，学生与市政官员和当地的非营利组织海洋科学中心缅因州海湾研究院（Gulf of Maine Research Institute）合作，通过头脑风暴提出控制外来入侵植物的方法。在圣迭戈，高技术学校的学生与圣迭戈血库合作，设计普及血液健康知识的DVD，并利用三维建模为献血做宣传。

这些联合行动有一条共同的主线，即学生要经常与学校围墙以外的人和资源打交道，这种做法以独特的方式丰富了每个学生的学习经验。文化和科学机构、非营利组织和营利企业为学校提供了创新性的、有意义的学习机会，将学生在教室里学到的东西与更广阔的世界联系起来。孩子们很少在课堂上问为什么要学这个，因为他们有很多机会看到这些知识和技能在专业领域的应用。特别是，学生亲眼看到老师教给他们的深度学习能力——解决问题、批判性思维、创造性思维、有效沟通和合作——是如何在成人世界的商业、学术和社会活动中给他们带来好处的。

本书介绍的八所学校的案例表明，这种创新性的伙伴关系对那些大量生源来自贫困家庭的学校尤其重要，因为它们能够提供有益的经验和社会关系。这些"社会资本"在富裕家庭的孩子看来是理所当然的[②]；而对于贫困家庭的孩子，家长没有足够的时间和金钱送他们参加丰富多彩的课外活动、上价格昂贵的补习班，学校与博物馆和其他组织的联系是他们发现自己天赋的捷径，跟博物馆的学者、赞助人和公司领导者合作与学习的经历可能改变他们的一生。从伙伴组织的角度看，与校长、老师和学生的深入联系让它们感到自己对学生的成功负有责任，因此愿意投入更多的时间、金钱和精力。正如大湖科学中心的教育副主任惠特尼·欧文斯（Whitney Owens）所说的："我们竭尽所能给学生提供一切机会，感觉 MC2 STEM 高中就是我们自己的学校。"

在我们访问的学校，这种骄傲和关心体现在方方面面，既有包括尖端实验室和博物馆展览在内的物理环境，也有包括通用照明、美国国家航空航天局和富兰克林研究院的专家在内的热心人士，这些人自愿投入时间，为合作学校的学生担任导师。我们将在接下来的章节里介绍一系列令人印象深刻的探索。

位置，位置，位置

大湖科学中心是 MC2 STEM 高中的创始合伙人之一，新生要到中心现场上课。在物理、数学和工程学课上，老师通过大量与电、光和太空旅行有关的，可以亲自动手操作的展览活跃课堂气氛，加深学生对知识的理解。最受欢迎的展品包括一块月球石、约翰·格伦（John Glenn）的太空服、天空实验室3号（Skylab 3）和一台提供了博物馆7%电力的风力发电机。展品的丰富程度让大部分预算有限的公立学校羡慕不已，即使在资源丰富的学校，大多数学生也没有机会接触到这些东西。最重要的是，这种获取知识的方式是深度学习的肥沃土壤，给学生创造了接触现实情境和科学现象的机会。

"科学中心的全方位支持给老师创造了许多机会，去捕捉和开发学生的兴趣。"菲尔·布库尔（Phil Bucur）说。他在一间专门改建的教室里教授工程学，这个房间原来是博物馆的画廊，能够俯瞰北海港学区。

这种机会在克利夫兰这样的城市是非常宝贵的。MC2

STEM 高中的生源全部来自克利夫兰大都会学区,这是俄亥俄州的第二大学区,也是全美国最贫困的学区之一,83%的家庭生活在贫困线以下,有 2 000 名学生无家可归。③

费城的科学领导学院也让学生体会到了通往新世界的大门为他们敞开的感觉。这所学校同样坐落于大都市中的经济落后地区,不过全美国最好的博物馆之一的丰富资源让老师有更多的办法来启发学生。每名科学领导学院的学生和行政人员都是富兰克林研究院的家庭会员,即使在上课时间以外也能免费参观所有的常设展览。最受欢迎的展览包括高空自行车——参观者可以在高空中的钢索上骑车,还包括著名的费尔斯天文馆(Fels Planetarium)。

一次我们参观 MC2 STEM 高中时,布库尔介绍了老师们是如何将课程与大湖科学中心的展览整合起来的。在电学课一开头,他先向一组学生说明博物馆展出的一个特斯拉球的性能,这是一种电力变压器。他让一名新生把手放在球上,这个男生立刻跳了起来,他的头发全都竖了起来,其他同学爆发出一阵大笑。然后,布库尔选出另一名女生来参与实验,让她用一只手拿着一个荧光灯泡。接下来,他把特斯拉球递到她的另一只手上。电能经过女生的身体,点亮了灯泡,学生们发出一片惊叹声。最后,布库尔让学生两人一组,指导他们用万能表测量和记录彼此身体产生的电能。

"我利用展品时，不一定要与当天的课程有关。"布库尔后来对我们说，"我让学生定期写日记，记录他们在科学中心的经历。如果看到一件展品激发了他们的兴趣，我会调整课程内容来利用它。如果你想让学生对科学和技术感兴趣，课程计划就不能太死板。"要让成功的深度学习成为现实，就需要创造一种灵活的、动态的学习经验，老师的意愿和学校领导层的支持都是必不可少的。

我们看到，当新生在科学中心探索时，二年级学生在位于通用照明的第二校区上课。这里是学生了解激动人心的职场世界的绝佳地点。孩子们喜欢被当成大人对待，这能帮助他们培养学术心态④，激励他们为自己的学习负责。

十年级学生像通用照明的普通员工一样，刷 ID 卡来上课。相似之处还不止这些。孩子们一进入大门，就与通用照明的工程师一道，在配备先进生产设备的车间中工作。中午，他们一起在公司的食堂吃午饭。

二年级学生在通用照明的活动中心是制造实验室。这是一间移动车间，配有软件齐全的电脑、适用于二维和三维结构的激光切割机、制作电路板和精密零件的高精度铣床，以及制作家具的大型刨木机。

MC2 STEM 高中是美国第一所获准进入这座高科技游乐场的公立学校。它还与麻省理工学院的比特与原子中心（Center for Bits & Atoms）建立了伙伴关系，制造实验室的概念就是该中心的尼尔·格申菲尔德（Neil Gershenfeld）教授和他的同事在20世纪90年代提出的。MC2 STEM 高中的校长杰夫·麦克莱伦说，学校收到了10万美元的拨款，用于建设传统的科学实验室，就是有显微镜和化学仪器的那种。他决定用这笔钱来购买一条小型生产线，让学生在更加真实的工业级制造环境中锻炼解决问题和合作沟通的能力，他认为这种做法更符合 MC2 STEM 高中注重设计的特色。从那时候起，孩子们开始制造出相当复杂的产品，比如一个六条腿的机器人和一颗能用的人工心脏。

一个冬天的下午，我们看到二年级学生用电脑设计科赫雪花（Koch snowflakes），这是一种被称为分形的复杂几何概念（用外行人的话说，就是一种细节自我重复的模式）。然后，他们戴上护目镜，用生产设备在纤维板上切出雪花模型，再装上 LED 灯。他们的目标非常明确，就是要在企业园区的冬日嘉年华上展出完成的雪花——截止日期已经快到了。[5]虽然学生在项目上投入了大量时间，但是回报也相当丰厚。麦克莱伦相信，通过将数学概念和原理应用于设计、原型制造和装配，制造实验室有助于提高学生的数学成绩。

MC2 STEM高中的学生不仅能在制造实验室中工作，他们还获准进入通用电气的主要实验室，完成他们的二年级项目。这门富于挑战性的实际操作课程要用到他们在一整年里学到的知识。通用电气的科学家、工程师和管理者在课程中指导学生，跟他们一起工作，在应用技术领域提供真实的专家意见——大多数传统教育背景下的老师对这个世界几乎一无所知。在项目中，学生模仿通用照明员工的活动，模拟公司开发新产品的过程，利用LED进行发明创造。他们组成团队，每个团队都是一家"公司"，共同撰写一份商业和营销计划书，包括从提出设想到制作原型和生产最终产品的整个过程。

通用照明的员工在产品开发过程的各个阶段为学生提供指导，让他们思考他们的发明——无论是机器人、太阳能手机充电器还是闪光的首饰——有什么用、目标顾客是谁，确保他们理解设计背后的工程学原理。最后，学生团队在制造实验室中制作样品，通用照明的导师在一旁全程监督，帮助他们解决问题。然后，学生向公司管理者和营销人员咨询，为每个创意撰写商业计划书。项目的这个后期阶段对于培养学生说服他人的沟通能力特别重要，让他们有机会在那些一辈子都在做这种事的专家面前练习采访和演示。

每个团队有一笔100万美元的假想预算,来将他们的产品推向市场。最初,学生通常觉得这是一大笔钱,不过一旦开始计算设计和销售一件新产品的真实开支,他们就不这么想了。我们旁听了一堂课,课上通用照明的市场营销专家在设法激励一个团队,他们的产品是一条用LED灯装饰的腰带。

"你们打算如何推广它?在哪里做广告?"通用照明的员工问学生团队。

一个学生提议请一个说唱明星来为产品做代言。

"这是个好主意。"通用照明的导师回答,"但是,你想把所有的钱都花在一个明星身上,还是想别的办法来推广你的产品?"

两个学生争先恐后地插话。

"我们应该到俱乐部去向人们展示它。"其中一个说。

另一个说:"我们可以在俱乐部内租一个摊位,让人们试穿。"

团队就这几个方案讨论了一番,然后通用照明的员工告诉学生:"我参加的销售会议就是这样。我的团队成员坐成一圈,讨论同样的问题,用电子表格确保我们没有超预算,就像你们正在做的一样。"

二年级项目的大结局是在一次"贸易展"上做展示,学生团队要向由通用照明员工组成的观众展示和介绍他们的产品。通过这次经历,孩子们不仅实践了每一项深度学习能力,而且从内部人的视角看到了职业工程师的工作究竟是什么样子。

受益终生的"好伙伴"

2011年9月底的一个早晨,在通用照明园区的一间大会议室里,六名MC2 STEM高中的十年级学生轮流采访公司员工,每人三分钟。学生事先拿到员工的资料,选择在他们最感兴趣的领域工作的采访对象,比如管理、工程或信息技术。通用照明的公共关系经理安德烈亚·蒂曼把这种一年一度的仪式称为"速配约会"。事实上,这种对话显然会演变成长期的关系。学生一升入二年级,每个人就要选择一位公司里的"好伙伴",在即将开始的主要项目上为自己提供建议,许多时候学生还会收获"好伙伴"的指导和友谊,甚至推荐信或工作岗位。这种伙伴关系常常能改变一个人的一生,而且不仅是改变学生的一生。

在接受edutopia.org网站采访时,通用照明的物理学家加里·艾伦(Gary Allen)说,2009年他遇到了一个笨拙的二年级学生。一开始,艾伦以为他一定会退学,因为他完全跟不上学校的进度。艾伦跟这个男生约定：如果男生保证留在学校，艾伦就在这一年里指导他。艾伦做的还不止如此：除了指导这个男生，他还见了他的父母、老师和学校的管理层。男生也坚持到底，2012年跟学校的第一届毕业班一起毕业了。艾伦参加了毕业典礼，他说："我永远忘不了来自他家人的拥抱和他妈妈眼里的泪水。"[6]

艾伦的经验得到了研究的证实。研究显示，亲密的指导和支持是降低高中退学率的关键。[7]这也是通用照明的"速配约会"体系如此重要的原因。

我们看到，与未来的"好伙伴"第一次见面时，大多数学生一开始都很害羞，尽量避免目光接触，尽可能简短地回答问题。这并不奇怪，因为这两组人似乎没有什么共同点，至少一开始没有。毕竟，通用照明的员工几乎无一例外是中年白人、相对富裕，相反，MC2 STEM高中的学生是十几岁的年轻人，80%是黑人，大部分来自低收入家庭。不过，通用照明的员工已经有过好几次类似的经历了，没用多长时间就成功破冰，屋子里充满了谈话声。一小时后，每个二年级学生都找到了一个"好伙伴"，每对组合都约定好了下次见面的时间。

在整个学年里，"好伙伴"们定期见面，每个月两次或者更多。"我们谈论每天的生活、学校的项目、我们的活动、我们的家庭、周末过得怎么样，等等。"一个学生说，跟他配对的是专门从事红外光研究的工程师。这种导师制度形成的私人关系和纽带远远超出了学习的范畴。学生同时还在建立职业关系，对以能力为基础的社团环境形成自己的理解。

通用照明的员工志愿者中也包括高层管理者和投资人，"LED灯泡之父"尼克·霍洛尼亚克博士（Dr. Nick Holonyak Jr.）就是其中一员。他们经常不遗余力地帮助他们的"好伙伴"。例如，一位工程师让他的学生伙伴跟着他上班一天。（"那里就像苹果体验店。"这个学生后来给我们讲述了观察他的"好伙伴"跟同事互动的经历，"眼前的一切都发着白光，你能看到每个人都在屏幕前努力地工作。"）另一位通用照明的导师毕业于西点军校，他给自己定下的任务是让他的"好伙伴"也进入这所学校。这种努力演变成一场历时数年的运动，通用照明的员工称之为"约翰上西点行动"[⑧]。那段日子里，通用照明的员工跟男生的父母交流，把他介绍给当地其他西点军校的校友，教他用社区服务、体育成绩和其他对申请资质有益的活动润色他的高中简历。（2013年秋天我们回访安德烈亚·蒂曼时，这个学生还没有被西点军校录取，但是他的导师仍然在推动这场运动，并将其扩展到其他可能成为优秀候选人的学生。）

到了第二学年末,通用照明的志愿者便集中精力帮助十年级学生准备他们的三年级实习,辅导他们写简历、参加面试,甚至置办职业装。每年春天会举办一次正式演习,每个学生与一名通用照明的员工进行一对一的面试演练,为实习面试做最后的准备。官方的"好伙伴"制度结束之后,非正式的伙伴关系往往会延续下去。在学生三、四年级期间,许多伙伴会继续非正式地会面,讨论诸如如何选择大学、如何选择专业,以及到哪里去找工作之类的问题。

我们的八所示范学校都以某种形式走出教室、利用社区资源,其中 MC2 STEM 高中建立的强大而紧密的伙伴关系尤为突出。通用照明的"好伙伴"体系只是其中一个例子,学校还以许多富于想象力的方式利用合作伙伴的人力资源。在大湖科学中心,学校从美国国家航空航天局的员工中招募志愿者,为到那里学习工程学的新生担任导师,偶尔也邀请他们走进教室授课。

在本书第三章提到的关于桥梁的"顶点"项目中,美国国家航空航天局的工程师扮演了关键角色。新生设计出要在期末建造的桥梁模型后,NASA 的专家便介入,为项目提供权威指导。学生把他们的模型带到中心实验室,专业工程师帮助他们把模型安装在"振动台"上,测试它们的结构完整性。工程师用视频记录下这些测试,就像他们自己制作原型时一样。然后,每个学生团队跟一个成年人一组,坐下来讨论测试的结果。九年级的工程学教师菲尔·布库尔说:"学生们看视频时,真正看到了压力、强度和结构乘数这些与承重设计相关的概念。工程师会跟他们讨论如何把数学和物理概念应用到日常工作中。"有时候,一些模型在台子上碎裂了,工程师向学生保证这是设计过程的一部分,让学生回去重新设计蓝图,进行下一次尝试。

通过这些经历,学生不仅建立起初步的职业关系网,而且了解到如何利用人际网络,以及为什么人际网络如此重要。在每天的实践中,他们学到了如何在职业环境中为人处世。一名学生告诉我们,在通用照明的餐厅吃了几天午饭之后,他逐渐改变了自己的言行。"其他人都穿着正装。"他说,"穿正装在某种意义上让我们平静下来。我们适应了这个地方,越来越平静和专注。走在园区里,你会有一种暗自骄傲的感觉,因为你在这里,这是一家《财富》世界500强公司。你必须表现得够职业。"

事实上,MC2 STEM 高中巧妙地利用了它的伙伴关系,经常有科学名人造访三处校区,他们几乎都会抽出时间来跟学生谈话。最近几年到访的名人包括 NASA 首席科学家瓦利德·

阿布杜拉蒂（Waleed Abdalati）和赛格威平衡车的发明者迪恩·卡门（Dean Kamen）。

最近刚刚从 MC2 STEM 高中毕业的安德烈亚·莱恩向我们说明了这些经历是如何帮助她取得学习上的进步的。"在普通的学校里，你为了考试而学习，仅此而已。"她说，"但是，在 MC2 STEM 高中，获取信息是一件激动人心的事，因为当你展示学习成果时，根本想不到可能有谁在听，或许是某个公司的 CEO 呢。"

劳动力储备的下降

作为科学领导学院的一名新生，泰勒·莫拉莱斯（Tyler Morales）对天文学抱有浓厚的兴趣，但是在为当年的科学展构思项目时，他遇到了困难。他爸爸利用他们的富兰克林研究院会员资格，带他去博物馆听了首席天文学家德里克·皮茨（Derrick Pitts）的演讲。演讲结束后，莫拉莱斯走到皮茨面前寻求建议，他的积极主动给皮茨留下了深刻的印象。后来，皮茨又分好几次继续了他们的谈话，最后招募莫拉莱斯当了科研助理实习生。莫拉莱斯的主要工作是捕捉太阳表面活动的实时影像，并用复杂的软件进行处理。

在接下来的三年里，莫拉莱斯团结了一群同样对天文学感兴趣的科学领导学院同学，先是把他的工作变成一项为期两年的强化实习——每周与学院天文台的成年人一起工作六到八小时，最后成为他四年级项目的核心。他拍摄的照片为皮茨的研究做出了贡献，也出现在学院的网站上。后来，富兰克林研究院把莫拉莱斯的项目设为中学的一个正式项目，叫作空间计划。莫拉莱斯告诉我们，他在招募一、二年级学生，以保证在他毕业以后项目还能继续下去。

莫拉莱斯的故事不仅证明，丰富的资源能够为研究机构、企业和非营利组织提供战略性支持，而且展现了最具创新精神的学校对学生实习的共同态度。在大多数美国高中，学生能否参加实习，或者实习的内容是否只是变相打杂，通常取决于学生家长的能力，以及家庭的交际圈。相反，在我们访问的学校，实习是高中经历的重要组成部分，是真正的学习经验，大多数情况下是强制的。

传统的美国中学只重视学习成绩和课堂实践，只有少数学校重视帮助学生积累校内外的社会资本。但是，学校需要帮助学生学会如何与学校内外的人打交道，接触各种各样的生活和职业机遇，并学会如何利用人际网络。低收入地区的学校尤其如此。MC2 STEM 高中的校长杰夫·麦克莱伦认为，让他的学生脱离当地环境是很有必要的,这些学生全部来自黑人区。麦克莱伦相信,让学生发现自己的兴趣,引导他们未来的就业,是他和老师们的责任,"无论他们选择哪条道路,我们都希望他们拥有获得成功的能力、兴趣和动机。我们的任务就是帮助他们找到这条道路"。

这些学校的老师和校长都相信,要培养深度学习能力,就有必要让学生尽早看到现实世界中的工作是什么样子。他们还相信,高中生能够满足职场的高期待。一次又一次,他们的学生证明了他们是对的。

明智的学校领导者总是寻求与各种各样的专业机构保持良好关系,这种信念正是原因之一。"我们建立了一种错误的二元对立,把工作放在一边,学校放在另一边。"高技术学校的校长拉里·罗森斯托克说,"如果我们能将二者结合起来,路子就宽得多了。"

有研究从学生参与和成就的角度支持这种学徒制,甚至认为这会影响到他们此后的收入。[⑨]在 2006 年对高中退学生的一项调查中,82%的学生说如果学校能够提供现实的学习机会,他们会更愿意坚持到毕业。[⑩]而且,在毕业八年后,高度重视就业的学校的毕业生平均收入比传统学校高出 11%。[⑪]

跟莫拉莱斯在富兰克林研究院的工作一样,我们在访问的其他学校也看到类似的实习项目,让学生有机会跟经验丰富的员工一起从事真正有创造性、有意义和强调合作的工作。我们听说,在罗克韦尔国际公司(Rockwell International)实习的高中生开发设计了一款软件,用于操作自动比萨机;《费城问询报》(*Philadelphia Inquirer*)的实习生参与了体育报道;通用电气的实习生对灯丝元素进行了检测。还有许多其他富有挑战性的现实任务。

深度学习学校非常注重培养那些满足现代工作需求的关键技能,实习生往往能够迅速适应新职责,他们表现出的老练程度经常让雇主感到惊讶。老板们很快意识到,他们不用担心如何让孩子们适应职场文化,或者他们能否按时出勤。大多数实习生已经与职场世界有过充分的接触,准备好在实习中采取主动,无论是赶上任务最后期限、解决问题还是团队合作,都不在话下。

在 MC2 STEM 高中,十一年级的实习是取得学分所必需的,一些学生是克利夫兰市第一批被当地主要科技公司接受的高中生。一名在罗克韦尔国际公司实习的 MC2 STEM 学生参与了自动比萨机软件的开发,这是一项为期六周的"设计—挑战"任务,包括开发新产品和制定市场营销战略。他说:"对我们来说难度不大,因为这跟我们的二年级项目差不多。"

实习经历对于学生参与深度学习是绝对必要的，我们访问的所有学校都要求学生毕业前至少有一次实习经历。卡斯科湾高中维护着一个能够为学生安排实习的站点数据库，其中包括波特兰音乐学院（Portland Conservatory of Music）、当地电视台、新英格兰大学的一间化学生物实验室，甚至还有当地的一家蛋糕房。

与此同时，在圣迭戈的高技术学校也有一套精心设计的实习计划。这些年来，学校与600多个可能的工作单位建立了持续整个学期的合作关系。三年级学生必须完成140小时的实习，才能获得毕业所需的学分。"我们发现，如果你想要一个以学校为中心的真正的实习项目，就不能只是零散地兼职。"罗森斯托克告诉我们。

学校行政人员努力确保提供实习机会的营利和非营利组织为学生创造有意义的经历，实习要与他们在学校里学习的内容相关，让他们有机会解决问题、发挥自主性、尝试合作与沟通。为了实现这个目标，罗森斯托克让高中人类学教师代替原来的一名行政人员，承担协调实习的职责，因为处在他们的位置上，能够更好地了解学生、为他们量身定制工作内容，以及追踪他们的进展。每个秋季学期，老师帮助学生制订实习计划，包括撰写简历、整理作品集、参加面试，甚至为与雇主的第一次会面进行预演。然后，每年春天，老师访问可能的实习单位。4月，实习开始前一个月，接待单位的特派监督员来到高技术学校的校园，了解学生在学校通常做过哪些类型的项目，认识实习项目的重要性。这些监督员必须在工作中指导实习生，并向他们的老师提供反馈。他们还要在实习结束时完成一份业绩评价，跟实习生喝咖啡，解答实习生在工作中遇到的问题。而且，每个实习生必须为他们的经历准备一份年终展示，观众是二年级学生，因为他们也要开始考虑自己的实习岗位了。

通常，实习能够激发学生对某个职业的兴趣，让·赖特（Jenn Wright）就是这样的。作为科学领导学院的三年级学生，她听说《费城问询报》提供学生实习的机会，不过当时申请者仅限大学生。赖特请学校的实习协调员帮她给报纸的体育编辑写了一封信。收到面试邀请时，她又激动又有点小紧张。面试中，为了得到这次机会，赖特说她可以在报社接电话、打杂，然而，编辑让她为报纸网站撰写关于高中体育的博客，她高兴极了。赖特马上就开始每周一次到新闻编辑部报到，坐在报纸的全职体育记者身边撰写她的博客。她告诉我们，她发现新闻工作要用到许多她在科学领导学院学过的调查研究方法，她还说："你得学会解释那么多东西，跟那么多人谈话。你得从那么多素材中提炼出信息。"赖特说她还学会了表现得像个专业人士。"为了安排采访,我要发送数量惊人的电子邮件。"她说,"发送邮件的时候,我会想:'如果是我收到这样一封邮件,我会怎么想?'要以一种让别人愿意帮助你的方式提出请求,礼貌真的很重要。"

实习期间,赖特又一次鼓起勇气找到《费城问询报》的教育作家,说服他担任自己的导师。她继续请求科学领导学院的老师开设一门新闻课。很快,这门课就出品了自己的报纸,赖特担任了新闻编辑。

"伙伴"和社区能得到什么?

当然,很少有人会为了纯粹大公无私的理由做事情。在不同程度上,这些合作伙伴也是如此。即便通用照明和 NASA 的志愿者愿意为了看到年轻人进步、获得个人满足感而贡献出他们的时间,公司和博物馆的领导者通常也不得不权衡利弊,特别是在 MC2 STEM 高中和科学领导学院的例子中,这意味着投入大量的金钱和雇员的时间。在这些案例中,他们显然有许多理由认为与这些学校合作是一项良好的投资。

例如,通用照明合理地考虑到了其总部所在城市未来劳动力的数量和质量。MC2 STEM 高中建校前一年，克利夫兰大都会学区的毕业率从 2006—2007 学年的 62% 降低到 2007—2008 学年的 53.7%。[12]（2011—2012 学年，该学区只有 56% 的高中生按时毕业，MC2 STEM 高中的毕业率则高达 95%。）同年，ACT 考试的平均成绩为 16 分，远低于合格劳动力准备所需要的标准成绩 20 分。[13]"我们不仅需要受过教育的工人，还需要发明家，需要能够在这个以项目为基础的世界中迎接挑战、提出解决方案的人。"通用照明的 MC2 STEM 高中联络员安德烈亚·蒂曼告诉我们。在刚刚过去的那个世纪，照明行业以前所未有的速度发展，她补充道："未来还会继续如此。我们需要有能力的人才，让我们在行业中保持领先。"

近年来，全美国的企业领导者都在关心类似的问题，形成了自 20 世纪 50 年代开始的冷战和太空竞赛结束以来，私人部门支持公立 STEM 专业学校的最大浪潮。人们担心美国正在落后于外国竞争者，外国的学校比美国的更先进，特别是在科学和工程方面。2011 年，国家研究委员会（National Research Council）警告说，"20 世纪人均收入的大幅增长有一半可以归结为美国在科学和技术方面的进步"，但是许多专家担心其中暗藏着危机。尽管对经济会如何转型以及现在和将来工作究竟意味着什么，有不同的观点和预期，但是人们普遍承认大局已经发生了变化,对我们的孩子的要求也发生了变化。

随着对未来劳动力状况的担忧日益增长,一些有见地的高中校长已经开始与公司管理者合作,专门设计课程,让学生对现有的工作岗位产生兴趣。在加州的瑞兹达(Reseda),格洛弗·克利夫兰特许高中(Grover Cleveland Charter High School)的校长艾伦·韦纳(Allan Weiner)对《教育世界》(*Education World*)说,他的学校是基于"未来20年的社会需求"开设专业的。他还说:"我认为,要让工商业企业对你的学校感兴趣,最好的办法就是开设支持这些行业的课程,然后加以宣传,它们自然就会来找你了。"[18]格洛弗·克利夫兰特许高中的专业包括培养金属加工人才的制造专业,数以百计的当地企业需要这方面的人才,现在这些企业会派代表进驻学校,与学生一起工作。韦纳还与波音和索尼等当地大公司建立了伙伴关系,通过开设新的卫生服务专业,引起了附近几家医院的兴趣。

通用照明与MC2 STEM高中出色的"嵌入式伙伴关系"得到了康涅狄格州费尔菲尔德(Fairfield)的通用基金会的响应,基金会与俄亥俄、佐治亚、宾夕法尼亚、肯塔基、威斯康星、纽约和康涅狄格的七个学区建立了合作。这种合作的努力与支持新的共同核心课程标准也有一定的关系。有必要说明,尽管有相似之处，但基金会的合作是独立于公司开发的项目和伙伴关系的。通用照明也开始与 MC2 STEM 高中开展一项有偿实习项目。2013 年，公司为 15 名学生安排了临时工作，这是公司的第一个实习项目。我们采访蒂曼时，还没有毕业生被永久雇用，但是她非常希望至少一部分实习生能够获得全职工作。

与通用照明的管理者一样，与 MC2 STEM 高中合作的 NASA 管理者也希望让更多的学生接受科学、数学和工程学训练。"我们都意识到航空业和国家安全的需要。"NASA 的教育专家卡罗琳·胡佛（Carolyn Hoover）告诉我们。她还说，当 NASA 员工第一次听说可能与 MC2 STEM 高中建立伙伴关系时，"我们真的非常兴奋……我们希望这能让俄亥俄东北地区的经济更健康，劳动力队伍更有活力"。NASA 的科学家定期为即将进入 MC2 STEM 高中的新生举办演讲，介绍 STEM 职业的优势。有时候，学生自己也会变成 STEM 的宣传大使。

在科学领导学院网站上，一个名叫马修·金内蒂（Matthew Ginnetti）的学生写道，在他的"顶点"项目中，在包括富兰克林研究院首席天文学家德里克·皮茨在内的导师的指导下，一名天文学专业的大学二年级在校生会为九年级学生讲授"迷你课程"。金内蒂还为富兰克林研究院开发了一个应用程序，功能是提供关于国际空间站的用户教育。他写道："在美国，人们普遍对天文学不感兴趣，天文学教育的匮乏是我选择这个项目的主要原因。"

除了确保未来长期的劳动力供给，营利和非营利组织的领导者同样明白，与学校建立伙伴关系能够巩固它们在社区的地位，包括与顾客和赞助人的关系。例如，大湖科学中心与MC2 STEM高中联合申请了资助。博物馆的教育副主任惠特尼·欧文斯说："我们充分利用了与MC2 STEM高中的关系。我们从一所优秀中学的辐射效应中获益匪浅。"

最后，支持学校的公司和社会团体经常发现，学生个人会以各种意想不到的方式回报它们。前面提到过，嵌入式伙伴关系比传统的学校-企业关系更有影响力。从孩子们的角度，这种独特的伙伴关系也更持久、更有意义，这进一步深化了学校与社区的联系，形成了良性循环。

例如，在缅因州的波特兰，国王中学的七年级学生和他们的老师与波特兰市和缅因州海湾研究院的专家一起，识别和清除已经成灾的外来入侵植物。最近，学校的孩子们帮忙准备了一套卡片，内容是这些外来入侵植物的图片和简介，放在研究院的网站上供人下载。

在费城，为了让他们的城市发展更有可持续性，科学领导学院的学生也以类似的方式贡献他们的聪明才智，对他们的伙伴富兰克林研究院进行了一次可再生能源审计。在明尼苏达州的圣保罗，阿瓦隆中学的学生在他们的校园前面建造了一座可移动的社区公园。学校周围本来是一片工业化的不毛之地，学生与老师和一位当地艺术家一起，用公共艺术装点环境。孩子们用自行车零件制作了一座雕塑。这座雕塑也是移动花床，底座两旁是学生们在艺术课上创作的龙的图画、学校吉祥物和马赛克拼图。孩子们还把他们的植物和艺术品摆放到附近的主干道大学路（University Boulevard）上，将展览延伸到学校以外的空间，一直到附近新开通的轻轨轨道旁，成为社区的一张名片。

强大人际网络的艺术

越来越多的例子从方方面面证明了公共-私人伙伴关系对学生学习和公共教育大有裨益。[15]在有些案例中，企业组织主动寻求与学校建立伙伴关系。在圣迭戈和克利夫兰，当地公司的领导者推动创办了高技术学校和 MC2 STEM 高中这两所新公立学校，学校也得到了超过平均水平的企业支持。不过，无论学校从政治家或公司领导层得到多少帮助，这些学校的校长和老师都必须经常以非传统的方式充实自己。

本章中描述的积极的伙伴关系需要学校行政人员像企业家一样行动，在某些情况下要利用他们的社会和职业圈子去寻找机会。"我们不会雇用那些只知道课堂内容的新老师。"阿瓦隆中学的创校教师之一卡莉·巴肯说，"老师们必须知道如何利用人际网络。"在许多社区，这意味着老师和校长一起写信、打电话、参加商务委员会，比如扶轮社（Rotary）、基瓦尼斯俱乐部（Kiwanis club）或者当地商会的会议，去寻找合作伙伴。

由于老师通常是伙伴关系的一线管理者，是合作的关键一环，因此需要发挥他们的社交和管理能力，来培育和维持伙伴关系。一些学校甚至为老师提供如何经营伙伴关系的特别训练，比如华盛顿州奥查德港（Port Orchard）的雪松高地中学（Cedar Heights Junior High School）。[⑩]

史蒂夫·佩恩（Steve Payne）就是勇敢迎接挑战的教师之一，他在国王中学教授科学课，多年来负责协调七年级学生对抗外来入侵物种的项目。佩恩是学校、城市和海湾研究院之间的核心人物，他有一群志同道合的伙伴，他们共同努力克服官僚主义的障碍，确保学生接触现实世界的尝试不仅安全，而且有意义。

学校与公司合作仍然是一个全新的趋势，双方都需要特别注意避免兴趣冲突和争议。政府资助的教育世界和以营利为目的的商业世界并不是天然和谐的，可能产生各种各样的误解。MC2 STEM 高中的老师举了一个例子：通用照明坚持让进入他们校区的十年级学生签署一份知识产权保密协议，其中一项条款规定，所有产生的发明都属于公司。"大多数家长不知道如何处理这些事情，所以他们干脆不交协议。"这位老师说，"通用照明一开始想说不签署协议的孩子不能参加，最后不得不放弃了。"社会关系经理安德烈亚·蒂曼在一封电子邮件中确认，保密协议仍然是与学区的租赁合同的一部分，通用照明会追踪协议的提交情况，如果没有签署协议，就存在违约的风险。伙伴关系中可能存在这种信息和知识的差距，必须慎重处理，所有相关者——学生、家长、老师和企业专家——才能享受到知情权、支持和自主权，从合作中获得最大的利益。

不用说，参与这种伙伴关系的教师需要在他们的日程表中为联络、关系培育、潜在的争议管理和项目协调留出时间。我们的示范学校都认识到这种需要，正式或非正式地为老师提供灵活性。例如，在卡斯科湾高中，学校的咨询顾问也负责发展与学区的伙伴关系，每周有八个小时用来与当地组织联络，专门寻找潜在的实习场所和单位。与此同时，我们访问的八所学校都是技术的重度使用者，强调学生独立学习，自然允许老师把更多的时间花在教室以外。

通常，从一开始，建立强有力的社区网络就依赖于学校和公司或社区伙伴双方的强有力领导。例如，过去十年中，科学领导学院的校长克里斯·莱曼无疑已经成为教育家中的明星，他以科学领导学院的实践为案例，通过博客、推特和生动的演讲推广他的公立教育改革理念，包括 2011 年的一场 TED 演讲。莱曼的"没有围墙的学校"的理念远远超越了让孩子们去富兰克林研究院上课。在科学领导学院一年一度的迎新仪式中，学生们分成小组，在费城市中心漫步，记录下对市立图书馆、火车站和公园的观察，然后他们会把这些素材写成报告和戏剧小品。这些活动背后的潜台词是：世界为学习提供了无穷无尽的机会。

科学领导学院和 MC2 STEM 高中是我们访问的学校中合作关系最广泛的，合作帮助学校度过了困难时期。尽管科学领导学院的预算减少了十亿美元，过去七年中换了六位监督员，但仍然能够健康发展，甚至继续扩张；MC2 STEM 高中也经受住了预算削减和第一年就裁员 80% 的考验。

莱曼告诉我们，能够将他的学校的足迹扩展到全国，与社区牢固的伙伴关系功不可没。"富兰克林研究院在费城市民心中占据了如此重要的位置，跟它结成伙伴立刻让我们有了正统性。"他说。2011年，就在我们访问科学领导学院后不久，白宫授予莱曼"变革先锋"（Champion of Change）的称号。2013年6月，学院在距离原址5英里*远的地方又开办了一所中学。自然，新学校也是研究院的伙伴。莱曼说："没有富兰克林研究院，这一切都是不可能的。"

深度学习蓝图

● 把走出教室当作为学生提供完整的学习挑战的一部分，是设计、创造和支持深度学习经验的创新制胜法则。

● 教师必须经常转变角色：除了设计课程、咨询和辅导之外，他们还是为学生寻找机会的联络员。在这个过程中，他们亲身示范了许多重要的能力，学生最终也将从有价值的合作伙伴那里获得这些能力。

● 利用当地资源，包括博物馆、公司、学术机构、非营利组织和其他组织，形成实质性的合作，将有意义的深度学习带到学生的生活当中。这些经历让教育更加联系现实、激动人

---

* 1英里=1.609 3公里。——译者注

心、强调参与，能够激发学生的热情，帮助他们探索未来的职业道路。

- 有意义的联盟提供了学生无法通过其他渠道获得的导师资源和社会网络，可能成为他们终身成功的关键。
- 作为又一种让学生参与学习的手段，这些联系通常有助于提高学习成绩，包括提高毕业率。
- 学校、企业和社区组织之间强有力的伙伴关系，让各方都感觉自己对学生和它们所属社区的成功负有责任。
- 建立这样的伙伴关系需要个人和机构层面上所有相关人员的愿景、时间、精力和领导力。

注释：

① School Report Card, Philadelphia City School District, Science Leadership Academy (Pennsylvania Department of Education Bureau of Assessment and Accountability, 2012).

② 社会学家发现，社交网络对儿童在学校的成功和一生的工作机会都有重要影响。参见 Alejandro Portes, "Social Capital: Its Origin and Application in Modern Sociology," *Annual Review of Sociology* 24: 1-24 (1998).

③ Mariko Nobori, "How Successful Careers Begin in School,"

Edutopia, October 31, 2012, www. edutopia. org/stw-college-career-stem-school.

④Farrington, "Academic Mindsets as a Critical Component of Deeper Learning."

⑤John Mangels, "Fabrication Labs Let Student and Adult Inventors Create Products, Solve Problems," *Plain Dealer*, June 18, 2009.

⑥Mariko Nobori, "Tutoring and Mentorship Brings Authentic Learning to MC2 STEM High School," Edutopia, February, 27, 2013, www. edutopia. org/blog/MC2 - STEM-high-school-gary-allen-mariko-nobori.

⑦ Carla Herrera, David L. DuBois, and Jean Baldwin Grossman, *The Role of Risk: Mentoring Experiences and Outcomes for Youth with Varying Risk Profiles, Executive Summary*. (New York: A Public/Private Ventures project distributed by MDRC, 2013). 另见 Gayle McGrane, "Building Authentic Relationships with Youth at Risk," *Effective Strategies* (Clemson, SC: National Dropout Prevention Center/Network, 2010)。

⑧"约翰"是化名。

⑨ Randy L. Bell, Lesley M. Blair, Barbara A. Crawford, and Norman G. Lederman, "Just Do It? Impact of a Science Apprenticeship Program on High School Students' Understandings of the Nature of Science and Scientific Inquiry," *Journal of Research in Science Teaching* 40: 5, 487 - 509 (May 2003).

⑩ Bridgeland, Dilulio, and Morrison, *The Silent Epidemic*.

⑪ Vega, "Research-Based Practices for Engaging Students in STEM Learning."

⑫ "2008—2009 School Year Report Card," *Cleveland Metropolitan School District*, *Cuyahoga County*, Ohio Department of Education Archived Reports, 2009.

⑬ "2011—2012 School Year Report Card," Cleveland Metropolitan School District, Cuyahoga County, Ohio Department of Education Archived Reports, 2012.

⑭ Laurance E. Anderson, et al. (13 contributors), "School-Business Partnerships That Work: Success Stories from Schools of All Sizes," Education World, www.educationworld.com/a_admin/admin/admin323.shtml.

⑮ 2009年3月，俄亥俄州教育委员会采纳了灵活学分计划，从2009—2010学年开始逐步推广，要求当地学校董事会、

社区学校、特许非公立学校和职业技术教育提供者从 2010—2011 学年开始执行该计划。参见 Ohio Credit Flexibility Design Team, *New Emphasis on Learning: Ohio's Credit Flexibility Plan Shifts the Focus from "Seat Time" to Performance*, Ohio Department of Education。

⑯ Anderson, "School-Business Partnerships That Work."

第五章 激 励

激励每一个学生的定制化学习

要发射火箭,每个孩子都必须点燃自己的引信。

——加里·艾伦,通用照明的物理学家和 MC2 STEM 高中的志愿者

投石问路

入学之前,安德烈亚·莱恩没想到高中能有这么棒。最初的印象来自扔鸡蛋的那个下午。

这是克利夫兰的 MC2 STEM 高中迎新系列活动中的一项。

对即将进入这所学校的新生来说,这些活动颠覆了他们过去对学校的认识。新生被分成若干小组,用密封塑料袋、线、棉花和牙签为鸡蛋设计一个降落伞,只有15分钟时间。然后,每个小组从楼梯井的二楼把鸡蛋扔下来。哪个小组的鸡蛋没有碎,就能赢得最佳设计奖。

莱恩所在小组的鸡蛋碎了。但是,她同样激动不已。"大家一起合作,即使我们彼此根本不认识——我们才刚刚见面呢。"她回忆说。

进入MC2 STEM高中之前,莱恩在学校的日子不怎么好过。她有数学天赋,但是坐不住、爱说话、总是走神——在强调"坐着听讲"的传统学校中,这无疑不讨好。她做作业比谁都快,不能忍受坐着发呆。她总是觉得无聊,不该说话的时候说话,只要觉得老师说错了就打断他们,而且她经常觉得老师说得不对。她说这让老师感觉受到了冒犯。

"我总是被赶出课堂,送到校长办公室。"莱恩回忆说。

初中阶段,她总是得B和C,而且没有朋友。她说,因为"人们觉得我喜欢表现自己。其实只是因为我都会了,不想浪费时间"。

莱恩的妈妈意识到了女儿的天赋,理解她因为初中课程太简单而遇到的挫折,梦想着把她送进私立高中。但是,莱恩家有六个孩子，父母的经济压力已经很大了，莱恩不想成为他们的负担。因此，她自己决定报考 MC2 STEM 高中，尽管最初她怀疑任何学校都不会适合她。

扔鸡蛋之后的前几个星期，她的怀疑仍然没有消失，然后她遇到了布莱恩·麦卡拉。

麦卡拉不是普通的高中物理老师。他有两个学士学位、三个硕士学位和一个博士学位。几年前，34 岁的他是《财富》世界 500 强公司江森自控（Johnson Controls）的副总裁，拿着几百万美元的年薪，穿梭在美国与亚洲之间，开发先进的建筑节能项目。有一天，身在北京的他接到克利夫兰的医生打来的长途电话。医生告诉麦卡拉：他长了脑瘤，要做一场 18 小时的大手术。

身体恢复后，出乎他以前同事的意料，麦卡拉决定重返学校——这一次他准备担任高中教职。"许多人认为我疯了。"他说。但是，他相信自己发现了内心的召唤。2007 年，麦卡拉成为 MC2 STEM 高中的创校教师之一。团队中的一些老师也有企业背景，另外一些则来自传统学校。所有人都跟麦卡拉一样充满热情，相信敬业的老师和有天赋的学生能够成就梦想。

莱恩是麦卡拉的第一批学生之一，他非常清楚地记得她。"这所学校非常适合安德烈亚，她适应得很快。"他回忆说，

"她对什么都感兴趣,像海绵一样吸收你给她的一切。她非常自信。这样的孩子不多。她知道自己想要什么。"

开学后不久,麦卡拉把莱恩招进了他的物理俱乐部,这个新成立的俱乐部已经吸引了一批对物理有浓厚兴趣的学生。他们每周六下午1点到8点聚会,周四则是下午4点到9点。

麦卡拉记得,有一个下午,莱恩问他自己应该选择什么样的职业道路。他谨慎地建议她选择机械工程。他说,机械工程是工程中的万事通,掌握相关技术就能够胜任许多领域的工作。莱恩也有这方面的兴趣和天赋。

麦卡拉对莱恩永无止境的好奇心始终报以鼓励,莱恩也开始用一种全新的眼光看待自己。在学生养成学术心态的道路上,这是关键的一步。莱恩不再是让人头疼的学生,她发现,不仅是麦卡拉,MC2 STEM高中的老师们都能看到她的能力,支持她未来的专业选择。三年级时,她到秘鲁首都利马参加了一次微观装配实验室的全球会议。四年级时,她设计了一种LED圣诞树装饰,最后成为克利夫兰市中心的节日装饰。十年级时,她开始管理学校的移动精密车间——微观装配实验室。我们见到莱恩时,她还是那么爱说爱动,在不同的话题间高速切换。不过,她说,在MC2 STEM高中,她永远没有时间走神。"你总是有事情要做。"她笑着说。

点燃引信

在学校的层面上,需要善于观察和鼓舞人心的老师,才能理解安德烈亚·莱恩的问题并不在于莱恩自身,她只是需要挑战,让她用自己最擅长的方式去学习,在功课中找到意义。

MC2 STEM高中的校长杰夫·麦克莱伦说:"这些学生需要成年人坚定不移地信任他们。因此我们要寻找那些既有专业知识又关心孩子的教师,不能顾此失彼,否则你就无法改变孩子们的人生。"

实际上,莱恩的成功不仅得益于麦卡拉,还包括一群充满热情的教师,以及支持他们尝试不同方式帮助学生做到最好的环境(麦克莱伦用这句话作为电子邮件的签名档——"不计任何代价")。这又回到了深度学习学校的目标上,创建优秀的学习社团无疑涵盖了对学习成绩的高期望。幸运的是,学生已经习惯了既要独立完成任务,又要进行团队合作,这给了老师足够的时间和灵活性去了解每一个学生。

众所周知,青少年在身处同龄人之间时不会对成年人敞开心扉。在大多数奉行自上而下制度的高中里,这种坦诚就更加罕见,青少年的信心也经常受到打击。但是,如果学生在团队合作或者单独完成项目的过程中，能够单独与老师会面，他们会更愿意把老师当作一种支持性的资源，而不只是另一个对他们评头论足的成年人。这让学生有机会更充分地坦露心迹，从而让老师帮助他们发挥天赋。

麦卡拉说，在这种非正式的时刻，学生"向你展示的东西是你从他们的作业中永远看不到的。这时候，你才能真正知道他们是谁、了解他们的个性和他们在学校以外的生活，以及赢得他们的信任"。

这种对话能够帮助老师发现学生的兴趣，为他们寻找合适的机会，就像麦卡拉把莱恩招进物理俱乐部那样。他说，更巧妙的是，对学生的日常生活有更多了解，能让老师根据孩子的情绪调整教学方法。"当他们害怕时，你应该鼓励他们；当他们感到骄傲时，你应该支持他们。"麦卡拉说。

通过与莱恩的闲谈，麦卡拉发现她是六个优等生中年龄最小的，而且非常渴望参与竞争。"她的成就主要来自她自己的努力。"他说，"她真的勇于迎接挑战。"基于这种认识，他鼓励莱恩发挥特长，循序渐进地承担更加困难的任务，不断增强自己的能力，最终变得更加自信。

近年来，认知科学家为这种策略提供了有力的证据。他们指出，当老师和学生的关系更加紧密，并且尽可能根据不同学生的动机、能力和局限因材施教时,学习的效果会更加深刻和持久。[①]作为哈佛大学心理、大脑和教育项目负责人,教育学教授库尔特·费希尔(Kurt Fischer)说,忽视学生高度多样性的学校对 80% 的学生的教育最终都是失败的。[②]

相反,我们访问的学校始终在寻找学生的"激励点",帮助他们发现并追求自己的兴趣,对自己的教育负起责任。安德烈亚·莱恩就是这样,在利马的微观装配实验室国际会议中,她与其他三名分别来自芝加哥、阿姆斯特丹以及肯尼亚的学生共同完成了一个座椅设计项目。我们在前面提到过,与此同时,科学领导学院的学生让·赖特在为《费城问询报》撰写体育报道。伊丽莎·昂格尔(Eliza Unger)是阿瓦隆中学的三年级学生,她曾经患有注意力缺陷多动症(ADHD),在停止药物治疗后学习成绩仍旧遥遥领先。她的同学霍利·马什成为国家公园管理处(National Park Service)的一名公园管理员。卡斯科湾高中性格内向的三年级学生的贾斯汀·埃林豪斯正在日本学习。

在每一个案例中,老师都找到了不同的方法来调动青少年的积极性,去拥抱他们的学习热情。有时候只是一次鼓励的谈话,有时候需要找到正确的实习岗位或导师。许多经验丰富的老师都知道,像大多数人一样,学生在不同的环境中会有不同的表现,重点在于让他们真正参与其中、获得成就感。今天课堂上的捣蛋鬼可能成为明天的罗宾·威廉姆斯(Robin Williams),今天有阅读障碍的退学生可能成为明天的理查德·布兰森爵士(Sir Richard Branson),今天天资聪颖的穷孩子可能成为明天的厄休拉·伯恩斯(Ursula Burns)。*

"要发射火箭,每个孩子都必须点燃自己的引信。"通用照明的物理学家加里·艾伦在 edutopia.org 的一次访谈中说,过去两年他都是 MC2 STEM 高中的志愿者,"你可以把火箭架上发射台,但是如果不去点燃引信,它们永远不会升空"③。

解开耳机线

发现激励每个学生的关键要求老师灵活地调整策略。这一刻,他们要设计和调整课程;下一刻,他们要到校外寻找机会;再下一刻,他们要充当体育教练,评估孩子们的能力和兴趣。他们设计的课程要让学生最大限度地发挥潜能,至少要让场边的观众发出喝彩。

---

* 罗宾·威廉姆斯(1951—2014),美国著名喜剧演员;理查德·布兰森,英国商业品牌维珍(Virgin)的创始人;厄休拉·伯恩斯,著名职业经理人,曾任施乐公司首席执行官。——译者注

"布莱恩·麦卡拉是我的工程学老师，后来他成了我的数学、科学和任何我需要帮助的科目的老师，他还是我的导师。"安德烈亚·莱恩回忆说，"他总是推着我向前走，从来不满足，无论项目有多艰难。他不因为我的年龄或年级限制我的想法，而是让我跳出条条框框，更加抽象地思考问题。他交给我一把专属的无线电烙铁那天，我就知道自己想做什么就能做什么了。"

麦卡拉的指导帮助莱恩养成了学术心态，芝加哥大学的教育研究者卡米尔·法林顿认为这是培养毅力和深度学习能力的关键要素。法林顿写道："学生越有毅力，就越能克服其他事情的干扰坚持上课，即使题目很难也能完成作业，即使遇到挫折也继续追求学术目标。"[4]

根据麦卡拉的描述，莱恩刚到 MC2 STEM 高中时，就是个充满积极性的孩子。但是，研究显示，许多像莱恩一样面临学习困难的黑人学生，以及其他有色人种学生并非如此。想办法让他们把自己当成学习者，对他们有更大的帮助。哈佛大学的经济学家罗纳德·F. 弗格森（Ronald F. Ferguson）指出，要最有效地支持少数族裔学生，老师需要"激发信任、促成合作、鼓励志向、支持勤奋"，因为这些学生出于各种各样的原因没有发挥出他们的全部潜力。[5]

阿瓦隆中学有一名四年级学生，差点错过了在高中阶段培养学术心态的机会，她很庆幸自己没有留下这个遗憾。这个学生将她前两年半的高中经历比作一副耳机：耳机线打了结（指学校），耳塞（指她自己）跟耳机线不相配。一年级时，她就读于一所以讲授为主的传统公立高中。上课时，她总是在笔记本上信手涂鸦，而不是记笔记。在这所学校读不下去之后，她转入一所规模更小但是更严格的特许学校，很快成绩就落后了，用她的话说："作业永远也写不完。"父母又给她转了学，这次是一所在家上课的网校。父母希望灵活性能够对她有帮助，但是她像无头苍蝇似的乱撞，几乎每门功课都不及格。三年级时，她被诊断出患有注意力缺陷多动症、焦虑症和抑郁症。她开始害怕永远也毕不了业。"我出了问题。我不能学习。我不能吸收和记住信息。"她对我们说，"耳机线成了一团乱麻，耳塞缠在里面找不到了。"

孤注一掷的父母决定再给她转一次学，这次是阿瓦隆中学。在那里，她遇到了老师和校领导卡莉·巴肯，巴肯帮她选择了一种新的教学方法，阿瓦隆中学的老师称之为"学生发起的学习"。对于如何学习，学生有各种各样的选择，比如不必每天非得上六节课，而是想上几节就上几节，或者也可以一节课都不上，去设计自己的项目。这个学生一开始去上学时很不情愿，但是后来就变得充满热情，她觉得学校的安排是"结构化和独立性的完美结合"。

她的第一个独立项目是绘制一幅大脑示意图，标明所有的区域，向观众解释每一个区域的功能。她不仅要保证高质量地完成项目，而且要符合科学标准。她的老师根据规则为她打分，告诉她两方面都合格了，这意味着她能获得所需要的生物课学分。她开始感觉耳机线好像终于解开了。

像对待所有的学生一样，阿瓦隆中学的老师特别留意那些有能力却面临困境的学生，关注他们的能力，帮助他们应对挑战。例如，得知这个学生的病情后，他们给了她特别许可，当她感觉课程内容已经令她不堪重负时，她可以离开教室到食堂去学习。虽然"个性化教育方案"（Individualized Education Programs）是联邦法律强制要求的，许多传统学校都有委员会精心设计的正式安排，但是阿瓦隆中学的老师让学生坐在了驾驶席上，邀请她来告诉他们她需要什么，让她为自己的学习承担起更大的责任。

2013年秋天，这名学生升入四年级，兴奋地投入了几个新项目。一系列新的成功让她成为坚持不懈的榜样，并且开始为阿瓦隆中学这样的学校代言。2012年，她应邀作为专家小组成员，在得克萨斯奥斯汀市的州政府理事会（Council of State

Governments）全国会议上发言。会上，她向全美国的政策制定者讲述了自己的故事。正如她告诉我们的，阿瓦隆中学支持她掌握自己的教育，"这拯救了我的自信心、我的高中生活和我的未来"。

有时候，要让学生走上培养学术心态之路，让他跟一个有共同爱好的成年人结伴同行是个好办法。阿瓦隆中学的咨询顾问凯文·沃德（Kevin Ward）成功地为一名四年级学生提供了建议。一开始，他觉得这个孩子有些放任自流。在最近的电子邮件往来中，这名学生开诚布公地与我们分享了他对自己的评价。"我跟别人处在两个世界。"他写道，"我觉得自己非常怪，总是尽量避免在教室里和生活中出洋相。"

不过，作为这名学生的顾问，沃德知道他对军事史有着浓厚的兴趣——他的二年级项目是以卡尔·冯·克劳塞维茨（Carl von Clausewitz）的《战争论》（*On War*）为基础的。兴趣为他获得学习上的成功敞开了大门。沃德把这个四年级学生介绍给了一位阿瓦隆中学校友的父亲——其职业是为明尼苏达州绘制地质勘探图。专业地图绘图师跟这位学生一起完成他的四年级项目，主题是葛底斯堡战役。该学生回忆说，与专业人士建立联系是他项目的"重大转折"，当他意识到一幅好地图将是他给全班做演示时的有效工具时，他"不能不对绘制地图产生了兴趣"。绘制地图让他感觉这场战役仿佛活了起来。专家帮他找到一款免费的在线地图绘制软件,帮助他解决问题,最后还为他出钱,用专业工具把地图打印出来。

最后,这名学生做了一次沃德所说的"资料丰富、内容翔实"的演示,是他在学校做过的最好的一次。学生也同意这一点,"我爱我的四年级项目"。2013年秋天,他被西北大学(Northwestern University)录取,准备攻读历史学,"这可能是我四年级时显得更加活力充沛的原因"。现在,作为一名校友,他说这个项目是他"学术道路的关键",锻炼了他的批判性思维能力,加深了他对军事史的热爱。"现在,我用这些能力来阅读地图,理解一个将军的心态,这是我最大的优势。"他在电子邮件中写道。

拒绝千篇一律

通常,要点燃一个学生的引信,最直接的办法就是让他与在现实世界中相关领域的老师建立联系。阿瓦隆中学的四年级学生霍利·马什就是这样。前面提到过,2009年12月,刚刚度过16岁生日的马什找到了一份国家公园管理员的带薪工作。她认为,这在很大程度上要归功于她的七年级生命科学课老师，因为他用一门生态学课程激发了她的兴趣。九年级时，马什参加了公园项目，开始在国家公园管理处做志愿者，负责密西西比河流经双子城的 72 英里河段。第二年，马什说服她的学校顾问，把这项志愿工作变成一项无薪实习，并得到了学分。她在游客中心工作了超过 300 小时，主要是在周六。她的任务包括引导露营者和漂流者，为不同项目制作数百个纽扣；偶尔，她还会穿上翠绿色的化妆服，扮成密西西比河国家风景区的吉祥物——平头鲶鱼弗雷迪。回到学校，马什向老师和同学介绍了公园管理处和密西西比河，还把她的经历写成了一系列报告。三年级一开始，风景区负责人把她请到他的办公室，向她提供了一份游客助理的正式工作，给了她一个大大的惊喜。

2010 年，马什赢得了当年的乔治·B. 哈佐格奖（George B. Hartzog Jr. Award），这个奖项每年颁给国家公园管理处最杰出的志愿者。她和父母飞到华盛顿特区，参加了一个由国家公园基金会（National Parks Foundation）主席主持的宴会。

马什告诉我们，阿瓦隆中学把她送上了职业道路，毕业后，她准备继续为国家公园管理处工作，赚取大学学费。她已经成为学校的明星。在她的四年级项目中，她与当地一家政策研究所一道，支持一项在明尼苏达州推广"个性化快乐学校"

的新法案。

"如果不是阿瓦隆中学，"马什在一篇文章中写道，"毫无疑问，为了能够申请到四年制大学，我将不得不在追求兴趣和提高成绩之间做出选择。换句话说，我将成为美国学校系统又一件千篇一律的产品。"

"双修"课程的力量

许多信奉深度学习的哲学的学校致力于给高中生提供继续深造的选择，一方面提供定制化的学习经验——开设学生在其他学校学不到的课程，另一方面让他们为大学生涯做好准备。

传统高中只有少数优等生有机会学习大学课程。但是，在我们访问的所有学校，到附近的大学上课、在线学习大学课程，甚至在所在的中学选修大学课程，对所有学生来说都是司空见惯的，学校强烈建议学生这样做。这种"双修"项目允许学生同时获得高中和大学学分，不仅丰富了学生的知识，而且锻炼了他们的高阶思维能力，比如批判性思维和分析能力。

对贾斯汀·埃林豪斯来说，大学的日语课是点燃引信的关键。我们通过 Skype 采访他时，他是卡斯科湾高中的四年级学生,正在日本南部九州地区熊本县的高中学习。埃林豪斯说自己在卡斯科湾高中的第一年是个"被动、散漫"的学习者,直到他读到詹姆斯·克拉维尔(James Clavell)的小说《幕府将军》(Shogun),发现了自己对亚洲语言和文化的热情。接下来是奇迹般的时刻。埃林豪斯二年级时,在一次学生主导的家长会上,他的咨询顾问、一位名叫乔·格雷迪(Joe Grady)的人类学教师表扬了他的成绩,问他为什么没有参加学校或社团的其他活动。埃林豪斯说:"那时候,我还不知道我想做什么,或者对什么特别感兴趣。"格雷迪建议他参加"模拟联合国"项目,鼓励他去见学校的团队协调员。埃林豪斯不是个天生的参与者,不过,在格雷迪的鼓励下,他决定冒一次险。结果,他非常享受这次经历。不久,跟安德烈亚·莱恩一样,他开始用不一样的眼光看待自己。他最终从一个"从来不喜欢跟人说话"的害羞、不合群的家伙,变成了一个"愿意探索未知的人"。学术心态应运而生。

除了鼓励埃林豪斯重新认识自己的潜力,他的老师和校长还帮忙安排他选修南缅因州立大学(University of Southern Maine)的日语课——每个学期他可以免费获得六个学分。他们还帮助他获得了国际教育交流协会(Council on International Educational Exchange)的实习机会,这是波特兰的一个国际学生交流组织。通过一个美国国务院资助的暑期交换生项目,埃林豪斯拿到全额奖学金,到中国的三个城市学习了六周时间。最后,埃林豪斯在四年级时到了日本。2013年,我们再次联系他时,他正在缅因州布伦瑞克市的鲍登学院(Bowdoin College)上二年级,专业是亚洲研究。

近年来,由于州政府的支持,美国公立高中的"双修"项目数量激增。研究表明,这种战略能够提高高中毕业率和大学入学率。2004年,对得克萨斯州超过3 000名高中毕业生的一项重要研究发现,选修过大学课程的高中生考上大学和从大学毕业的比例均比没有选修过的学生高出约两倍。各个族裔和低收入家庭的学生都能从中获益。[6]

"双修"课程通过鼓励学生更深入地探寻他们的兴趣,帮助学生培养更积极的学习态度,同时为大学生活开了一个好头。对贫困家庭的学生来说,另一个重要的好处是这些项目通常是免费的,由州政府和大学资助。

有时候,克利夫兰的MC2 STEM高中的"双修"课程从九年级就开始了,成为高中一、二年级学生的普遍选择。2011—2012学年,MC2 STEM高中40%的一年级学生和50%的二年级学生全部时间或部分时间在大学上课,包括克利夫兰州立大学、凯霍加社区学院(Cuyahoga Community College)、凯斯西储大学（Case Western Reserve）和劳伦社区学院（Lorain Community College）。

MC2 STEM 高中的校长杰夫·麦克莱伦经常为学生充当联络导师。他亲自为一个名叫曼纽尔·马丁内斯（Manuel Martinez）的学生奔走。马丁内斯是个聪明的孩子，来自危地马拉移民家庭，在美国出生，非常渴望选修克利夫兰州立大学的工程学课程。[7]麦克莱伦帮助马丁内斯联系了与大学工程学教授的会面，后者一开始对高中生能否掌握课程内容表示怀疑。不过，马丁内斯的能力给教授留下了深刻的印象，他获准选修一门高年级课程。后来，马丁内斯继续选修了好几门高级工程学课程，并在罗克韦尔自动化公司完成了实习。他的成功照亮了其他学生的道路。2012 年，他从 MC2 STEM 高中毕业，并作为毕业生代表做了致辞。他最终获得了康奈尔大学（Cornell University）的全额奖学金，就读于工程学院。

罗切斯特高中地处印第安纳乡村，尽管地理位置不便，远离任何高等教育机构，但学校仍然顽强地为学生寻求"双修"课程项目。2012 年，得益于学校与三所不同学院的创造性合作伙伴关系，88 名学生（占罗切斯特高中学生总数的 17%）获得了"双修"大学学分的机会。常青藤技术社区学院（Ivy Technical Community College）让罗切斯特高中的学生学习在线课程，或者到其附近的卫星校区免费上课。印第安纳大学（Indiana University）和鲍尔州立大学（Ball State University）距离罗切斯特高中有二到四个小时的车程，它们派出老师到高中校园来授课，分别教授英语作文、西班牙语和微积分等课程。鲍尔州立大学还提供一部分课程，形式是在获得大学认证的罗切斯特高中的老师指导下，学生观看大学教授的讲课视频。"通过'双修'课程，我了解了大学的课业负担是什么样子，感到自己做好了准备。"罗切斯特高中的一名学生说，她在四年级拿到了 14 个大学学分。

当高中生有机会接触大学教育时，他们表现出的兴趣和热情经常让老师感到惊讶。阿瓦隆中学的一名一年级学生主动选择了明尼苏达大学（University of Minnesota）的奥吉布瓦语课程，这是一门罕见的北美土著语言。"我每天晚上睡觉前练习。"她对我们说，"背单词、在脑子里计数……西班牙语很不错，但是如果你要选择一门语言，奥吉布瓦语更有意义……我学习这个是因为我愿意，而不是不得不学。"

露娜·弗兰克-费希尔（Luna Frank-Fischer）是科学领导学院的一名数学天才。受到宾夕法尼亚大学（University of Pennsylvania）高级课程的启发，她在四年级项目中开发了一个名叫"露娜数学帮"（Luna's Math Help）的网页，为在学习数学时遇到困难的学生提供帮助。学生们可以通过选择参数——比如视频和图片——和主题来寻求帮助。

从最想要的结果开始

在成为独立学习者的道路上,学生时刻牢记老师的高期望,获得清晰的、定制化的支持,他们的成就一次又一次给我们留下了深刻的印象。摆脱了被动式的传统教育体制,许多人自然而然地培养了批判性思维、创造性思维、合作和沟通的能力,勇敢地迎接成人世界的挑战。

例如,安德烈亚·莱恩回忆了二年级时到俄亥俄州首府哥伦布市旅行的经历。那一次,她是作为 MC2 STEM 高中的代表,去为 STEM 学校争取立法者的支持。通用照明的联络员安德烈亚·蒂曼让莱恩自己写稿、上台演讲。事实证明了高期望能够带来高回报。莱恩说:"对一个 15 岁的女孩来说,这是我经历过的最可怕的事。我走上舞台,心沉到了谷底。这件事太重要了,如果我搞砸了,他们会对我们的学校留下坏印象,我不想承担这样的责任。但是,尽管有这么多顾虑,演讲还是成功了。我一开始讲话就找到了感觉。最后,观众们为我起立鼓掌。"

蒂曼说莱恩"充满创意、奋发努力、干劲十足,我一有机会就立刻邀请她加入我的团队。安德烈亚是个值得信任的人，她已经证明自己是一个出色的项目领导者。如果她打电话来，说她开办了一家自给自足的餐馆，所有食品都是从餐馆的屋顶上种出来的，或者她刚刚成为一家企业的 CEO，我一点都不会惊讶的"。

莱恩在 MC2 STEM 高中的第一位导师布莱恩·麦卡拉热情地分享了他的观点。我们最近一次跟他谈话时，他正在帮她制订计划，申请匹茨堡大学（University of Pittsburgh）的奖学金。他为她的成就感到骄傲。看到量身定制的激励方法帮助那么多学生获得成功，是他"永远、永远不会放弃这份职业"的原因。他说："我自己还没有孩子。但是我知道作为父母那种骄傲的感觉。"

深度学习蓝图

● 找到能够点燃学生热情的火花——科目、概念或者项目，是为每个学生定制学习经验的关键。

● 为了让定制化的学习经验满足每个学生的教育需求和志向，老师应该通过正式（学生成绩、观察）和非正式（闲谈、家长和其他老师的看法）的途径，在每个学生的特长、环境和兴趣之间找到平衡点。

● 使学习与学生的兴趣和能力相匹配的有效方式包括：外部伙伴关系和导师、定制化课程（比如独立的专门项目）和可能的高等教育"双修"课程。

注释：

①Christina Hinton, Kurt W. Fischer, and Catherine Glennon, "Mind, Brain, and Education," *Students at the Center*, March 2012.

②Todd Rose and Katherine Ellison, *Square Peg: My Story and What it Means for Raising Innovators, Visionaries, & Out-of-the-Box Thinkers* (New York: Hyperion, 2013).

③Nobori, "Tutoring and Mentorship Brings Authentic Learning to MC2 STEM High School."

④Farrington, "Academic Mindsets as a Critical Component of Deeper Learning."

⑤Ronald F. Ferguson, "What Doesn't Meet the Eye: Understanding ami Addressing Racial Disparities in High-Achieving Suburban Schools," *Policies Issues*, North Central Regional Educational Laboratory, Issue 13, December 2002.

⑥Ben Struhl and Joel Vargas,"Taking College Courses in High School: A Strategy for College Readiness," *Jobs for the Future*, October 2012.

⑦ "Innovative Schools Form Foundation for Education Reform Plan," *Donor Connections*, The Cleveland Foundation, Summer 2012.

第六章 联　　网

技术是仆人，而不是主人

技术就像氧气——无处不在、不可或缺，又无影无踪。①

——克里斯·莱曼，科学领导学院校长

新闻无处不在

在很大程度上，罗切斯特高中的科学教师艾米·布莱克本乐于让学生掌握更多的信息技术。学校为每个年轻人提供一台笔记本电脑。布莱克本确信，学生指尖上的信息世界会激励他们成长为独立的深度学习者。"当他们问我一个我完全不了解的问题，我就让他们上网去查查看。"她说，"网上的信息比课本上和老师掌握的多多了。他们要学会如何去获取那些信息。"

布莱克本花了很多时间教学生上网搜索信息，特别是新生。她想方设法鼓励学生参与，比如让孩子们进行拾荒式搜索，目标是找到与他们正在学习的主题相关的特定网站。每年，她还让他们调查一个叫作"禁止一氧化二氢！"的网站。[②]在这个网站上，学生会了解到向河流倾倒一氧化二氢的危险，这种"看不见的杀手无色、无嗅、无味，每年杀死无数人"。网站警告说，摄入一氧化二氢的症状可能包括"多汗、多尿，可能伴有肿胀感、恶心、呕吐和电解质失衡"，同时，"对于已经形成依赖的人，脱离一氧化二氢必死无疑"。这个网站是喜欢恶作剧的退休物理教授唐纳德·希马内克（Donald Simanek）的杰作。当然，这是一个恶作剧。

布莱克本解释说："一些学生一眼就看出来了，最后所有的学生都意识到这个网站说的是水。通过这个网站，我能够提醒他们，要正确评估从网络上找到的信息。"

现实的字节

全美国的学校都在竞相建设网络化教室——购买笔记本电

脑、台式机和大量软件。在最大化地利用现代技术方面，深度学习学校通常走在前列，我们访问的这些学校也不例外，它们都在利用技术拓展研究机会、方便师生沟通、帮助学生为自己的学习承担责任。利用技术的形式多种多样，包括利用程序培养学生的写作能力，帮助他们用数字化方法设计项目，以及扩展创意演示的选择。"技术就像氧气——无处不在、不可或缺，又无影无踪。它是我们做的每一件事的一部分。"科学领导学院的校长克里斯·莱曼喜欢这样说。[3]莱曼与我们采访的许多其他老师都承认技术的力量，相信各种各样的应用能够帮助学生培养和强化批判性思维、自主性，以及沟通和合作的能力。但是，正如布莱克本用"禁止一氧化二氢！"网站的警世故事所表明的，教育者有必要提醒学生，必须批判性地评估这些重要的新工具是促进还是妨碍了他们的学习。

学校要跟上围墙外飞速变化的世界，教育的数字化转型似乎势在必行。2011—2012学年，超过250万名公立学校的学生至少学习一门在线课程，5年前这个数字只有75万。65%的学校有"数字化战略"，近70%的教育者说他们需要比现在更多的数字化学习工具。而且，超过70%的老师认为技术帮助他们更好地完成了他们的工作，包括吸引学生的注意力、丰富教学内容，以及调整教学风格。[4]

正在发生的变化是全方位的、势不可挡的。例如，适配新的共同核心课程标准的上机考试系统正在研发中，将于2014年试行，并计划于2015年推广。根据计划，考试将不再像过去几十年中那样使用纸质答题卡。在2013年的试点考试中，纽约的100万名考生在电脑上回答问题，使用的是现代世界中最基本的技术能力——拖拽鼠标和标记。

深度学习学校已经为这种挑战做好了准备，它们热情拥抱各种各样的新技术，将其充分融合到学生的日常学习之中。老师们相信，创新性技术必然会在课堂上出现，而并不一定会让学生分心。在卡斯科湾高中、国王中学、艺术与技术影响力学院和高技术学校，你很少看到学生抱着厚厚的课本。相反，孩子们熟练掌握各种新技术：通过电子邮件和社交媒体彼此沟通；用台式机和笔记本电脑写作；用包括 iMovie、Flash、Flickr 和各种插件创作独一无二的项目；在技术设施中开展尖端研究，比如高技术学校先进的生物技术和机器人实验室，以及 MC2 STEM 高中的 MIT 微观装配实验室。

预备，点击

让学生尽早熟悉电脑和软件是有效整合技术的重要步骤。

科学领导学院和我们访问的其他几所学校要求九年级学生学习计算机基础课程,然后继续学习如何操作各种软件,以提高工作效率,内容包括制作PPT、撰写研究报告、修改图片和设计项目。

老师也关注数字时代的个人应用,以及在一个飞速变化的社会中学生需要知道的东西。例如,科学领导学院的技术大佬马西·赫尔(Marcie Hull)告诉学生如何最有效地建立和维护他们的数字身份。"我向他们示范如何把自己带到互联网上。"赫尔说,她在Pinterest、脸书、Google+、谷歌图像搜索和领英上都很活跃,"对老师来说,拥有一个数字人格是非常有帮助的。"她还说,学生需要问自己"在数字世界中我是谁?""我让他们去谷歌上搜索我。他们必须明白再也没有什么是私人的。每个人都要拥有一种数字生活方式。"

拥抱技术包括接受它的诸多潜在缺点。老师说他们会开诚布公地对学生承认,有时候分心是不可避免的,并指导他们如何管理注意力。"我们不能指望孩子们一天所有的时间都花在学习上。"赫尔说。当然,更常见的情况是,在全美国的校园,成年人需要努力追赶生长在数字时代的学生的脚步,跟随他们使用Skype、发博客、上网冲浪,以及从玩视频游戏到进入虚拟现实的世界。

"数字原生代"⑤的学生出生在日新月异的20世纪90年代，伴随着飞速发展的技术长大，电脑从来就是他们生活的一部分，也是学校的一部分。即便如此，传统学校中仍然有成千上万的老师不知道如何使技术成为课堂上的高价值工具，而不只是锦上添花的点缀。⑥相反，我们在对深度学习学校的访问中发现，这里的老师和学生以各种或明或暗的方式使用前沿技术，帮助学生提高成绩，为将来在高科技的世界中就业做好准备。

如果得到充分利用，信息技术能够支持我们在本书中说明的每一项深度学习战略：从方便沟通到支持积极的项目式学习，从走出教室建立联系到帮助老师为每个学生定制学习经验。

研究、反思和修改的合作社团

在罗切斯特高中，科学教师艾米·布莱克本给学生提供了一系列选择，来进行项目中的实时沟通，包括电子邮件、讨论区、谷歌文档和谷歌协作平台。就像在真正的办公环境中一样，谷歌文档会标记每个团队成员对项目的贡献，让大家不必再纠结"他说了什么""她又说了什么"。

类似地，在科学领导学院，十年级学生在英语教师拉里莎·帕霍莫夫的英语和历史融合课堂上，用一款免费的在线教育工具 Wikispaces 创作诗集。帕霍莫夫知道，考虑到学生对社交网络的热衷，这种方法能够激发他们的热情。学生在 Wikispaces 上创作自己的诗歌，论坛允许他们编辑和评论其他人的作品，然后对其他学生的反馈做出回复。与此同时，帕霍莫夫能够实时观察学生交流的过程，只有在他们需要时才提供额外的帮助，比如给一个似乎在创作中卡了壳的学生提供灵感，或者指出某条评论应该表达得更委婉一些。这种学习工具使写作成为一种更加公共的过程，同时也是正在校园和职场中变得越来越普遍的互动性的写照。

技术有能力改变教育中的传统力量。教师可以自行做出决定，从谈话的中心位置上退下来。同时，他们可以保持一定距离，观察对话，确保反馈是建设性的、不伤人的，只是偶尔介入，让学生学会为他们自己和彼此的进步负责。更广义地说，技术创造和强化了虚拟社区，让学生和老师有了交换意见和提供反馈的新途径，从而刺激了合作。

"技术为现实性创造了机会。"国王中学的技术整合和教师培训协调员戴维·格兰特说，"如果你在今天的世界中工作，基本上不可能离开电脑。任何需要看到成果的复杂产品都需要合作、沟通、研究等，中间需要有软件或硬件。没有这些，学校就是假的。"有些老师可能还让学生在笔记本上写日记,但是格兰特鼓励他们在线发表他们的日记,"让别人看到他们的思考",并邀请其他学生发表评论。

许多深度学习学校高度依赖演示,学生通过演示分享他们的作品、说明他们对与项目相关的学术概念的理解。大声朗读一篇事先写好的演讲稿并不够,学生通常要用 PPT、Prezi 和在线研讨会进行更加复杂的演示,甚至制作 DVD。这些学校还鼓励学生尽可能在学校项目中使用他们平时用到的技术,比如现在已经没那么昂贵的手机和数码相机。学校支持学生像专业的纪录片导演一样,深入所在社区,开展各种各样的研究,搜集素材。

战略性地使用技术,能够给学生提供反思和修改的新机会,增强和提升对深度学习至关重要的现实性和参与度。通过(数字化)保存、追踪和时间戳等技术手段,学生能够更好地反思和修改他们的作品。传统学校中,有那么多作业在上学路上丢失了,消除这种隐患本身就功不可没。而且,学生能够建立他们的数字作品集,无数次修改已经完成的作品。当然还包括:学生可以在一个地方找到他们所有的作品(而不是在书桌后、车座底下,或者被家长藏在阁楼里),他们可以更积极地回顾自己整个学校生涯中的进步。本质上,技术通过将作品归档,使更有效的反思和修改成为可能。赫尔说,通过这种方式,数字作品集鼓励学生不停追问:"下一步我该做什么来继续学习?"

走向世界

无论是数字时代的原住民还是后来者,我们采访的老师都同意,要为课堂内容增加相关性和即时性,再也没有比互联网贡献更大的了。

例如,2011年埃及发生"阿拉伯之春"抗议期间,阿瓦隆中学的社会研究教师格蕾琴·塞奇-马尔蒂森(Gretchen Sage-Martison)决定,在一门关于中东问题的课程中抛开正在迅速过时的课本,随着事件的发展,让学生对媒体网站和中东问题专家的博客进行调研。塞奇-马尔蒂森说:"一切都在飞速变化时,我不能依赖课本。"

今天的学生能够免费接触到海量的实时信息,包括报纸、地图、照片、房产记录、讣告、法律条文、提案、学术期刊,甚至全世界研究型图书馆和大学的文集。这意味着科学领导学院的一年级学生在学习埃尔南·科尔特斯(Hernán Cortés)的远征时,可以找到并阅读这位探险家的日记和写给他的信件的译本，以及相关的学术论文、报纸和书评。另一个班级在学习关于移民改革的当代争论时，可以上网阅读亚拉巴马州和亚利桑那州空前严格的新移民法的文本，与19世纪和20世纪早期移民潮期间的法案作比较。

新技术通过各种各样的方式帮助学生走出教室。在一个关于2008年大选的项目中，科学领导学院的一个班级与得克萨斯州的一个学生小组合作，制作了两个州选举日的对比图。两组学生用手机和数码相机记录选举的视频和音频，然后一起合作，用照片分享和即时通信软件制作他们的报告。

出发前的准备

当前，一种迅速席卷美国的数字化趋势是：公立和私立中学正在广泛应用家庭手工业式的学习管理系统（也被称为课程管理系统和虚拟学习环境）。这些在线系统的出现代表了教育的转折点，因为它们鼓励独立性，让学生为自己的学习承担更多责任，帮助他们自己安排任务、追踪进度、坚持到底，以及更迅速、更直接地与老师沟通。

我们访问的所有学校都依赖某种形式的学习管理系统。在每所学校，学生都必须养成每天上课前登录系统、查看当天日程的习惯,并在全天做项目的过程中不时查看系统。而在传统学校中,日程通常是写在教室前方的黑板上的。

在罗切斯特高中,每天上课前,学生和老师的习惯动作是最有力量感的画面之一。学生熟练地登录学习管理系统,当前项目的全部要求都在里面,包括项目目标、评价标准、内容资源(教材名称、在线资源或视频)、样品、日程安排和截止日期。学生可以查询自己需要做的一切,老师可以看到有待审查的每个学生的进度。

跟许多其他老师一样,罗切斯特高中的艾米·布莱克本发现,如果让学生在课堂上自己用一会儿电脑,她就有时间在教室里走来走去,给项目小组提出建议,这能使她的教学更加有效,同时有更多的时间帮助那些遇到困难的学生。"关于我们的学校,我最喜欢的就是教室中的灵活性。"她说,"学生们在用电脑,以团队的形式工作,我只需要指导他们。"

而且,这些系统能够提供重要的工具,确保形形色色的学生都能有平等的机会,批判性地接触课题资料,拥有深度学习经验。例如,系统可以用图片和视频呈现可视化的内容,或者为非英语母语的学生提供翻译,为有阅读障碍的孩子朗读文本,从而支持老师为每个学生量身定制有意义的学习方案。[7]

为了支持项目式学习,罗切斯特高中采用了一种名叫"回声"的工具。"回声"是由深度学习的一组示范学校"新科技网络"（New Tech Network）设计的，包含即时通信、在线讨论组、学生日记和反馈工具等功能模块，还有一个资源库，提供不同软件平台的教学视频、学习社团的目录，以及一整套交流和发布工具，包括谷歌邮箱、谷歌文档和谷歌协作平台。

科学领导学院采用一个类似的系统，是在一个名叫"魔灯"（Moodle）的定制化软件基础上开发的。"魔灯"是一个免费的开源平台，已经在 237 个国家拥有超过 7 300 万用户。"'魔灯'是我们这门课的收件箱。"科学领导学院的科学老师贾迈勒·谢里夫（Gamal Sherif）说，"学生能看到项目的所有作业和资源。"

在"回声"和"魔灯"这样的系统中，老师拥有特殊权限，可以追踪每个学生的出勤率和考试成绩，对他们的学习情况和日常表现做出评价。这种更加高效的信息分享模式能够帮助老师协调彼此的努力，更全面、更细致、更及时地解决学生可能遇到的问题和挑战，其价值是难以估量的。

作为学习管理系统的另一个版本，圣保罗的阿瓦隆中学采用了一套名叫"铸造项目"（Project Foundry）的系统。阿瓦隆全国学校网络的其他成员，即所有的教育愿景学校（EdVisions Schools）都采用了这套系统。对那些苦于不知道如何整合新的共同核心课程标准要求的学校来说，铸造项目网站的内容极为实用，因为网站详细说明了学生如何才能达到各州的课程标准。网站还有一项名叫"头脑风暴"的功能，它提供了一张表格，要求学生认真思考并清晰表达一个新项目的"可交付成果"、目标和节点，并估计达到每一个节点所需要的时间。学生必须下载和填写这张表格，项目才能获得批准。

"头脑风暴"表格不仅能帮助学生理清思路，而且是学生在提交完整的项目申报书之前与顾问讨论的基础。顾问批准了项目以后，学生可以用另一个名叫"项目计划书"的工具将信息直接导入学校的学习管理系统。接下来，学生要完成一份"评分标准"，这也是为了培养更加自主的学习者。这张表格要求学生提供该项目与州课程标准一致的高质量证据。通过这种方式，通常由老师来完成的任务转给了学生，现在学生要更深入地理解为什么要学习这些内容。然后，学生与顾问和对项目相关内容负责的老师会面，逐项讨论计划的每一部分。如果两位成年人都同意批准项目、评分标准和时间表，学生就把项目日程贴在线上校历中，从这时候起登录另一个系统，记录项目花费的时间。

所有这些学习管理系统都尽可能让学生坐在驾驶席上，它们也让老师指导和支持学生的个人和团队项目变得更容易。老师可以专注于问问题,比如:"根据你的计划,现在进展怎么样了?"或者"我看到你已经登录100小时了,但是参考文献里只列出了五条资源。你准备如何扩展你的研究?"

错误的联网方式

新千年第一个十年接近尾声时,技术获得了突飞猛进的发展,使得教育软件和设备的价格最终下降到能够与纸质教材竞争的水平。2009年,时任加州州长阿诺德·施瓦辛格(Arnold Schwarzenegger)宣布加州将成为全美国第一个转向使用电子教材的州。一年后,联邦政府教育部颁布了"国家教育技术计划"(National Education Technology Plan),称:

> 技术实际上已经成为我们日常工作和生活方方面面的核心,我们必须利用技术提供更有效、参与度更高的学习经验和学习内容,以及以更完整、更现实、更有意义的方式衡量学生成绩的资源和工具。以技术为基础的学习和评价体系将是促进学生学习的关键,并产生可用于各个层次教育系统的持续改进的数据。[8]

然而,三年后,无数教室,包括整个学区和州仍然在错失学习机会，甚至是削减成本的机会。这主要是因为，老师和校长不知道如何有效地利用技术的力量来支持学生的学习。

在这方面，我们访问的八所深度学习学校是全美国的榜样。所有学校都示范了如何利用技术为学生创造有意义的、参与式的学习经验。特别是，我们采访的老师并没有因为迷恋技术而忽视背后的隐患，他们都承认，技术可能在课堂上造成不必要的分心，过度依赖技术可能削弱老师的个人影响力。例如，合作和公开演讲等宝贵技能是当代劳动力的稀缺能力，是一切深度学习战略的核心目标，这些能力的培养通常几乎完全依赖于示范和指导，必须由经验丰富的真人与学生分享。正如科学领导学院的校长克里斯·莱曼所说："技术的目标不应该，也永远不能是减少教室中成年人的数量。"

约翰·奈斯比特（John Naisbitt）在《高技术学校全接触：技术和我们追求的意义》（*High Tech High Touch*：*Technology and Our Search for Meaning*）一书中总结了他称为"技术重度区域"的危险——一种已经渗透进美国文化的对技术既恐惧又崇拜的状态。奈斯比特和他的合作者提出了几个重要的问题，比如技术真的节约了我们的时间，还是仅仅为我们增加了更多的负担。⑨

无论有意还是无意，我们采访的所有老师都是列夫·维谷斯基（Lev Vygotsky）的信徒，强调学习中人际关系的价值。[20] 他们整合技术的方法可以印证艾伯特·梅拉比安（Albert Mehrabian）的经典研究，即超过50%的沟通是通过非口头的身体语言实现的，剩下的大部分通过语调来表达，只有7%的意义是通过真正的语言来传递的。[21]换句话说，他们认识到了在改变年轻人生命这项神圣的任务中，比特与字节的局限性。

在这八所示范学校，我们经常注意到教师用良好的判断力控制他们对技术的热情。比如，在高技术学校，校长拉里·罗森斯托克拒绝了一项让学生每周只到校上课一天，其余四天在家进行线上学习的提议。罗森斯托克说，他要一如既往地强调高质量的人际关系的重要性。

在罗切斯特高中，我们观摩了一个关于工业革命的富有挑战性的项目。该项目刚刚开始的头几天里，二年级英语教师丹·麦卡锡让学生把他们的电脑放到一边。相反，他直接让他们分成小组，给他们纸和笔，指导他们绘制流程图，帮助他们形象化地理解正在学习的历史人物之间的联系，包括安德鲁·卡内基（Andrew Carnegie）、雅各布·里斯（Jacob Riis）、卢西恩·B. 史密斯（Lucien B. Smith）、乔治·华盛顿·卡弗（George Washington Carver）、约翰·迪尔（John Deere）和塞缪尔·冈珀斯（Samuel Gompers）等名人。麦卡锡解释说，使用传统的纸和笔，能让孩子们有时间在小组中找到自己的位置，大家紧密地围坐在一起，表达自己的观点，而不是将任务简化为一个人在键盘上打字。

罗切斯特高中的科学教师艾米·布莱克本告诉我们，她每年仍然让新生去检索"禁止一氧化二氢！"网站。总有一些学生一开始反应不过来，布莱克本会在接下来的课上让全班调查许多网站的可信度，包括声称存在男性怀孕的 YouTube 视频和网上的照片。[12]

深度学习的联网方式

最近，洛杉矶联合学区启动了一项 10 亿美元的计划，为每个学生和老师配备一部 iPad。计划一开始就陷入了困境，难以全面铺开。人们针对必要的 iPad 数量和经费来源，以及它们的正确用途和是否应该有限制条件展开了讨论。[13]许多争论围绕着是否应该允许学生在特定用途和学区规定的范畴之外使用他们的设备。

我们写作本书时，洛杉矶的项目还在讨论之中，具体方案还没有出台。不过，这个问题是一扇窗口，让人们看到为什么技术对深度学习如此关键。所有人都应该享有的不是 iPad，也不是任何与学习整合的技术。如果我们真的想鼓励学习方式的发展,在学校(以及发生在学校的学习)和生活之间制造错误的分隔不能向年轻人传达正确的信息。在为深度学习成果努力的过程中,用校风和期望取代传统的规章制度,往往能取得更好的效果。不让学生使用社交网络,将他们与数字世界割裂,对学习没有帮助;但是,什么时候应该上脸书,什么时候应该登录学习管理系统,是应该予以讨论并达成共识的,这才是支持真正的学习的思维方式。

像管弦乐队中的小提琴一样,技术是一件乐器——一件价值连城的乐器。但是,学校要创造相关的、有意义的学习,需要整个乐队。今天这些学校采取的战略,是让技术为学生和教师服务的关键。正如克里斯·莱曼所说,学校在考虑它们的技术战略时有一个简单的方法,就是问:"你要学习什么?最好的方法是什么?如果技术不是最好的方法,就不要强行使用它。"虽然整合技术的过程可能令人望而生畏,但是其中的逻辑跟考虑如何使用其他工具没有什么不同。学校网络联合会(Consortium for School Networking)的 CEO 基思·克鲁格(Keith Krueger)强调:"必须记住,教育软件跟课本一样,只是学习过程中的工具。二者都不能代替训练有素的老师、校领导和家长的参与。"

深度学习蓝图

● 技术为教育提供了许多助益,能够帮助老师培养学生的深度学习能力,包括扩展研究机会、促进各个层面上的沟通,以及帮助学生为自己的学习承担更多责任。电脑可以成为创建社团、支持项目式学习和走出教室的有力工具。

● 技术为学生提供了高效的新途径,供他们练习研究、反思和修改等进行深度学习的关键战略。通过在线教育作品集等工具,包括学生、老师和家长在内的每个人都能更好地追踪和了解学生的进步。

● 以技术为基础的学习管理系统能够为学生提供更加自主的学习经验,为老师、顾问和管理者提供稳定、可靠的方法,来衡量学生的进步,以及决定怎样做对学生最有帮助。

● 深度学习与技术的关系是热情与审慎的结合,既有对缺点(包括分心、误用和滥用)的警醒,也有对教室中教育者关键作用的尊重。

注释:

①Chris Lehmann, *Chris Lehmann: School Tech Should*

Be Like Oxygen, NASSP Convention, February 28, 2009.

②Donald Simanek, Ban Dihydrogen Monoxide!, www.lhup. edu/-dsimanek /dhmo. htm.

③Lehmann, *Chris Lehmann*.

④John Benson, "Technology in the Classroom is Changing Education in America," VOXXI, August 7, 2013, http: // voxxi. com/2013/08/07/tcxh nology-in-the-classroom-invest.

⑤John Palfrey and Urs Gasser, *Born Digital: Understanding the First Generation of Digital Natives* (New York: Basic Books, 2008).

⑥Darrel West, "*Five* Ways Teachers Can Use Technology to Help Students," *Buffington Post*, May 7, 2013.

⑦Thomas Hehir, "Policy Foundations of Universal Design for Learning," *A Policy Reader in Universal Design for Learning*, eds. David T. Gordon, Jenna W. Gravel, and Laura A. Schifter (Cambridge, MA: Harvard Education Press, 2009).

⑧*Transforming American Education: Learning Powered by Technology*, Washington DC: U. S. Department of Education, Office of Educational Technology, 2010.

⑨John Naisbitt, with Nana Naisbitt and Douglas Philips,

High Tech High Touch: Technology and Our Search for Meaning (New York: Broadway Books, 1999).

⑩Louis C. Moll, ed., *Vygotsky and Education: Instructional Implications and Applications of Sociohistorical Psychology* (Cambridge, UK: Cambridge University Press, 1990).

⑪Albert Mehrabian, *Nonverbal Communication* (Chicago: Aldine-Atherton, 1972).

⑫ "A Womb of His Own," Snopes.com, May 9, 2008, www.snopes.com/preg nant/malepreg.asp.

⑬Audrey Watters, "Students Are 'Hacking' Their School-Issued iPads: Good for Them," *The Atlantic*, October 2, 2013.

第七章 投　　资

深度学习成为新常态

我们正在让学生为现在还不存在的工作岗位做准备……使用现在还没有发明出来的技术……来解决我们现在还没有意识到的问题。

——理查德·赖利（Richard Riley），美国教育部前部长

更美好的生活

暮色低垂，我们（莫妮卡·R. 马丁内斯和丹尼斯·麦格拉思）正在访问加州海沃德市的艺术与技术影响力学院。这个

特殊的夜晚,学校举办了一次特别的家长接待日活动。我们坐在教室后排,忙着记笔记,一个参与了苏格拉底问答式研讨课的二年级学生正在作说明。研讨课的主题是他们读过的一本小说。学生们的评论非常深刻,问彼此的问题非常有思想性,让我们为之叹服。讨论快要结束时,我们把目光转向坐在学生外围的家长。大多数家长都是直接从工作的地方过来的,仍然穿着园丁、女招待或机修工的衣服。他们脸上的表情充满了惊讶和骄傲,那真是无价之宝。看着他们睁得大大的眼睛和唇边的微笑,仿佛在说"这是我儿子""这是我女儿做的",我们两人不禁热泪盈眶。教室里充满了感动,仿佛一扇大门正在向这些学生敞开,迎接他们的将是更好的生活。很明显,他们接受的教育不仅是培养上大学需要的能力,而且让他们享受学习的乐趣,以超乎想象的方式激励他们前进。

接下来的一周里,麦格拉思回到费城他所任教的社区大学,安静地观察他的社会学入门课堂上的面孔。授课所在的社区中心的服务对象主要是黑人学生,来自全市成绩最糟糕的几所学校。大部分学生是二三十岁的单身母亲,希望进入联合医疗健康行业工作。那天的课堂讨论主题是调查研究,目的是复习已经学过的科学方法。虽然学生们参与了对话,但是他们甚至无法清晰地表述对科学推理的基本理解。讨论能够真正进行下去之前，麦格拉思至少要解释好几次什么是变量和假设。

麦格拉思看着他的学生，职业经验和私人谈话都告诉他，他们迫切需要一份薪水过得去的工作来养活他们的孩子。他禁不住想到，如果他们当年能够进入像艺术与技术影响力学院那样的中学，今天他们的生活会是什么样子。这种大学课程对许多学生应该没有太大难度，他们渴望的更美好的生活也不会太遥远。

不尽如人意

难道不是所有的年轻人都应该拥有我们介绍的艺术与技术影响力学院和其他学校提供的学习经验吗？这似乎是显而易见的，如果不想让人人享有平等机会的美国理想沦为一句空谈，就应该如此。

本书的两位作者虽然在一系列研究机构中扮演过许多角色，但我们从来没有当过初中或高中老师。这或许是我们深深仰慕我们访问的学校的老师和校长的原因之一，他们是如此巧妙地让学生参与学习，激发他们内心的动力。作为高等教育从业者和研究者，我们的出发点略有不同，但是我们的看法跟从事基础教育的同行几乎完全一致。从我们的角度，我们一直关心，并且还将继续关心与大学入学和让每个学生顺利完成学业有关的实践、政策和措施。事实上，正是这种"后基础教育"的角度，让我们致力于探索并推广深度学习的理念、原则和成果。

无论在私立精英研究机构、四年制公立大学还是社区学院，我们都看到无数学生——特别是来自低收入地区高中的学生——进入大学，却没有利用这个机会培养好奇心、自主性和批判性思维，继续深造。我们一次又一次地看到自我满足、敷衍了事的学生，交出平庸的作品，既是个别现象，也是普遍现象。

作为威廉斯学院（Williams College）的院长，马丁内斯经常听到这样的说法："如果我的教授能直接告诉我她要什么就好了，我准能做到。"这是学生普遍的心声，他们关心的或许只是遵循指示、取悦老师并得到高分。当教授们推着轮椅，抱怨学生在他们的作业和更广义的教育生涯中缺乏独立性、批判性思维和有智识的对话时，许多学生脑子里就是这样想的。与此同时，我们这八所学校的高中生正在承担学校技术维护的任务，创作和出版由同学编辑的图书，创作关于其他社区的多媒体纪录片，就环境问题和教育政策向州议员作证，帮助城市消除外来入侵植物。

从另一种高等教育的视角，城市社区学院的责任是在常规的四年制高中教育的基础上，进一步丰富学生的心灵和技能。但是，学生走进校门时，通常完全没有准备好实现他们的学术和职业目标。这些学生通常还缺乏成功的不可量化因素，比如能够创造机遇的社会优势和资源。第四章中介绍的 MC2 STEM 高中的学生有来自通用照明的专业人士做他们的"好伙伴"，并在公司校区完成十年级的课程。从 15 岁起，这些学生已经开始创建社交网络，未来申请大学或寻找实习机会时，他们可以利用这个网络。通常，在相对富裕的家庭中长大的年轻人会自然而然地发展出提供这些信息、建议和帮助的网络，或者干脆就出生在这样的网络之中。但是，来自低收入家庭的学生无法获得这种社会学家称为"社会资本"的网络。也就是说，他们迫切需要掌握更多社会资本的人有意识地为他们安排和创造这种网络。克利夫兰市的 MC2 STEM 高中的老师菲尔·库布尔说，校长杰夫·麦克莱伦会"雇用和提拔那些能够与现实世界和孩子们建立联系的老师。我不是老师，我是一个连通器。我是学生看世界的窗口"。

在 MC2 STEM 高中战略性地设计和打造的十年级世界中，有从专业技术人员中产生的导师，为学生提供寻找实习机会和申请大学时非常有价值的社交网络。这与许多社区大学的学生或根本没有机会进入这一教育阶段的年轻人所面临的现实形成了鲜明的对比。作为一名社会学家，麦格拉思与社区大学的学生专门讨论了社会资本的问题。这对他们来说是个全新的主题，学生开始意识到他们面临的结构性障碍时，明显感到了焦虑。有一次，一个年轻的黑人学生急切地问道："我住在费城北部。我怎样才能加入这些网络？"除了缺乏能够为他提供改变命运机会的社会资本之外，更糟糕的是，在中学阶段，从来没有人坐下来跟他讨论他的梦想，帮助他制订实现梦想的计划，或者跟他讨论公民和职场世界的性质，告诉他如何才能成功地参与其中。

深度学习为什么至关重要

最近，麦格拉思让一个20岁的学生说说她认为记忆和理解一件事物有什么区别。她毫无概念。在课后的谈话中，他发现了原因：她上的是全市最糟糕的中学，在那样的环境中，除了记住考试要考的内容之外什么也不用做，从来没有人鼓励她还可以做到更多。

我们通过各种"死记硬背"的方式教会基础教育阶段的学生记忆事实。我们训练他们"获得认可"，服从老师的指导，满足老师的期望。但是，我们全都没有教会他们如何参与学习。所以，进入大学的学生中只有33%为他们要面对的一切做好了准备，对此，我们有什么理由感到惊讶呢？有那么多年轻人退学，或者花六年时间才能拿到学位，又有什么奇怪的呢？更糟糕的是，美国只有8%的低收入儿童能在25岁以前获得学士学位，相比较之下，来自收入前四分之一家庭的学生这一比例高达80%。[1]

纵观大局，公立教育正处在十字路口。一套仍然按照19世纪模式组织的系统不能让我们的学生为21世纪做好准备。当代世界无疑比我们的公立教育系统建立时更加复杂。更重要的是，过去50年里，世界和所需要的教育都发生了巨大的变化，综合高中模式（一种三轨制终端机构）正是在这一时期出现和迅速发展的。

学校的传统组织形式和教学方式与数字时代带来的文化转型越来越格格不入。现在，学生利用技术分享观点、创建社团、合作、参与、生产和创造——在本地、全国甚至全球。如果公立教育不能转型，不仅会脱离现实，而且会制造更广泛、更严重的教育不平等，并且由于教育程度的差距而影响学生的整个人生。

经历了如此巨大的变化，而且不知道21世纪和未来还有什么在等着我们，我们所有人都有责任重新思考我们的学习、工作和生活中需要什么，有价值的又是什么。这些应该是我们公立教育系统的核心。现在，我们比以往任何时候都更需要激发学生的好奇心，让他们求知若渴，期待他们获得更大的成就，并且赋予他们相应的能力。这种期望应该超越死记硬背，培养学生的学术心态，让他们掌握核心课业内容，培养批判性思维，以及解决复杂问题、有效沟通和合作的能力，以及真正成为学习的主人。

自1999年以来，美国卷入了一系列战争，经历了持续近十年的经济危机，中产阶级正在消失，1%的美国人控制了40%的国家财富。我们这个时代，半个世纪以前含金量很高的高中毕业证书已经不足以帮助我们找到体面工作了。社会的发展要求人们理解和处理大量的复杂问题，比如能源危机、普遍贫困和气候变化，并且适应未来的变化和不确定性。考虑到这些因素，打造教育的未来无疑需要大量的创新，我们在本书中给出了强有力的例证。我们希望这本书能够激励更多的学校与时俱进，因为所有的孩子都值得拥有更好的教育。

注释：

①Sarah Carr, "Getting Real About High School," *Wilson Quarterly*, Summer 2013.

致　谢

我们要感谢访问的所有学校的老师、校长和学生，他们慷慨地贡献出他们的时间。不过，最重要的是，我们要感谢他们的善意和耐心，让我们观察他们创造的良好学习环境，帮助我们理解深度学习在实践中的真实情况。通过邀请我们参观他们的学校、分享他们的经验，他们所有人都是我们的老师。

我们感谢威廉和弗洛拉·休利特基金会（William and Flora Hewlett Foundation）为本书的研究和写作提供支持。与芭芭拉·周（Barbara Chow）、马克·宗（Marc Chun）、克里斯·希勒（Chris Shearer）和克里斯蒂·金博尔（Kristi Kimball）[现在是施瓦布基金会（Schwab Foundation）的执行董事]的谈话极大地丰富了我们对深度学习的理解。还要感谢我们的编辑塔拉·格罗夫（Tara Grove）对本书的坚定支持。

最后要感谢我们的父母琳内·泰西曼（Lynne Teismann）和埃格勒·曼格姆（Egle Mangum），他们陪伴这本书的时间跟我们一样长。

Deeper Learning: How Eight Innovative Public Schools Are Transforming Education in the Twenty-First Century

By Monica R. Martinez and Dennis McGrath

Copyright © 2014 by Monica R. Martinez and Dennis McGrath

Foreword © 2018 by Russlynn Ali

Simplified Chinese version © 2025 by China Renmin University Press

Published by arrangement with The New Press, New York

All rights reserved.

图书在版编目（CIP）数据

深度学习：批判性思维与自主性探究式学习／（美）莫妮卡·R.马丁内斯（Monica R.Martinez），（美）丹尼斯·麦格拉思（Dennis McGrath）著；唐奇译.
北京：中国人民大学出版社，2025.7. -- ISBN 978-7-300-33891-0

Ⅰ.B804

中国国家版本馆CIP数据核字第2025FY4857号

深度学习：批判性思维与自主性探究式学习
［美］莫妮卡·R.马丁内斯
［美］丹尼斯·麦格拉思   著

唐奇   译
SHENDU XUEXI

出版发行	中国人民大学出版社			
社　　址	北京中关村大街31号		**邮政编码**	100080
电　　话	010 - 62511242（总编室）		010 - 62511770（质管部）	
	010 - 82501766（邮购部）		010 - 62514148（门市部）	
	010 - 62511173（发行公司）		010 - 62515275（盗版举报）	
网　　址	http://www.crup.com.cn			
经　　销	新华书店			
印　　刷	固安县铭成印刷有限公司			
开　　本	890 mm×1240 mm　1/32		**版　　次**	2025年7月第1版
印　　张	7.5 插页1		**印　　次**	2025年9月第2次印刷
字　　数	130 000		**定　　价**	49.00元

版权所有　　侵权必究　　印装差错　　负责调换